U0348153

农业废弃物资源化利用技术
百问百答

张莉 李震 滕飞 高娇 编著

中国农业科学技术出版社

图书在版编目（CIP）数据

农业废弃物资源化利用技术百问百答 / 张莉等编著 . —— 北京：
中国农业科学技术出版社，2022.1
ISBN 978-7-5116-5656-8

Ⅰ . ①农… Ⅱ . ①张… Ⅲ . ①农业废物—废物综合利用—问题
解答 Ⅳ . ① X71-44

中国版本图书馆 CIP 数据核字（2021）第 274163 号

责任编辑　倪小勋
责任校对　马广洋
责任编辑　姜义伟　王思文

出 版 者　中国农业科学技术出版社
　　　　　北京市中关村南大街 12 号　邮编：100081
电　　话　（010）82109707（编辑室）（010）82109702（发行部）
　　　　　（010）82109709（读者服务部）
传　　真　（010）82106626
网　　址　http://www.castp.cn
发　　行　各地新华书店
印 刷 者　北京科信印刷有限公司
开　　本　170 mm×240 mm　1 /16
印　　张　6.5
字　　数　150 千字
版　　次　2022 年 1 月第 1 版　2022 年 1 月第 1 次印刷
定　　价　45.00 元

《农业废弃物资源化利用技术百问百答》
编著人员名单

编　著　张　莉　李　震　滕　飞　高　娇

参与编著（按姓氏笔画排序）

刘京蕊	李传友	杨立国	杨雅静
张　岚	赵丽霞	禹振军	秦　贵
蒋　彬	熊　波		

目 录

第一章

农业废弃物资源化利用技术

1. 农业废弃物主要来源有哪些?

农业生产活动是人类有意识地利用动植物(种植业、畜牧业、林业、渔业和副业),以获得生活所必需的食物和其他物质资料的经济活动。农业废弃物也称为农业垃圾,是指农业生产和加工过程中不可避免的非产品性质的产出废弃物,具有数量大、品种多、形态各异、可储存再生利用、污染环境等特性。

农业废弃物源于农业生产活动,其外延非常广泛,既包括种养业直接产生的农作物秸秆、果木剪枝、尾菜烂果、畜禽粪便、病死畜禽等,也包括农产品初加工产生的果壳、玉米芯、花生壳等,还包括可回收的废旧农业投入品,如废旧农膜、废弃农药包装物、废弃水产养殖网箱等。

2. 农业废弃物怎样进行分类?

研究农业废弃物分类方法并对其进行合理分类,有助于梳理农业废弃物的基本特征,系统分析和指导农业废弃物收集、存储、转运、利用和处置。按照农业废弃物的来源、毒性、组分和形态等进行分类。

按照来源农业废弃物可分为农业种植(包括农作物秸秆、果木剪枝、废菌包、尾菜烂果等)、畜禽水产养殖(包括畜禽粪便、废垫料、病死畜禽、废饲料等)、农产品初加工废物(包括花生壳、玉米芯、果皮、蛋壳、废羽毛等)和废旧农业投入品(包括地膜、棚膜、菌包膜、农药包装物、废旧网箱等),其中前三类以农业生产活动中自然产生的废物为主,多数为生物质;最后一类废旧农业投入品,一般为塑料或金属类轻工业产品,与工业废物相似,来源于农业生产的各个环节。

按照毒性农业废弃物可分为一般废物（包括秸秆、畜禽粪污、果木剪枝、废旧农膜、病死畜禽等）和危险废物（包括农药包装物等），依据《国家危险废物名录（2016）》，农药包装物属危险废物，但在豁免管理清单明确其收集过程不按危险废物管理。病死畜禽虽未列入危险废物名录，但因其除含有常规病原菌，还可能含有口蹄疫、炭疽等高致死病毒，具有高危险特性，环境污染风险大，应进行无害化处理。

按照组分可分为易腐有机废物（秸秆、畜禽粪污、果木剪枝、尾菜、花生壳等）、难降解有机废物（废旧农膜、塑料类农膜包装物等）和无机废物（石英类和金属类农药包装物、废旧金属机具等）。农业废弃物以有机废物为主，尤其是易腐类有机废物占绝大多数，既有污染属性也有资源属性，难降解有机废物和无机废物一般来源于农业投入品。

按照形态可分为固体废物（包括作物秸秆、果木剪枝、废菌包、废旧农膜、农药包装物、花生壳、玉米芯等）和半固体废物（包括畜禽粪污、养殖废垫料等），其中以固体废物为主，储存和转运较便利。

3. 农业废弃物随意处置或丢弃的危害有哪些？

农业废弃物对于生态环境因子大气环境、水环境、土壤环境、生物环境以及社会均有不同程度的影响和风险。

（1）大气方面，农业排放甲烷及二氧化碳等温室气体数量已占人类活动排放总量的一半以上，畜牧业成为其中温室气体主要来源之一。畜禽粪便中含有大量有机质，在自然堆放过程中，发酵分解产生有臭味的硫化氢、氨气等，同时产生甲基硫醇、二甲基二硫醚、二甲胺等多种有毒有害气体，以及大量产生的二氧化碳等，排放到空气中，会使空气含氧量下降，刺激呼吸道，引起疾病，影响人畜健康。秸秆燃烧的现象在我国已经有了明显减少，但是依旧存在。焚烧秸秆会产生大量二氧化碳等温室气体和粉尘，提高空气中可吸入颗粒物的数量，加重空气污染，影响周边居民身体健康。

（2）水环境方面，养殖场清洗圈舍的污水及畜禽粪便中含有大量病原微生物和高浓度有机质，不经处理直接排放或处理不达标就排放，污水进入自然水体中，一是会造成水体富营养化，二是导致自然水源水质恶化，三是易传播疾病，改变水体内部及周边的生物群落结构，最终影响水系及周边生态结构。如畜禽排污量日益增加成为水体巨大的污染源，据报道，长江三角洲地区未配备处理设施的养殖场排放的畜禽粪便使河流水质遭受严重污染。

水产养殖业对自身养殖水体及周围水域的污染最为严重。大规模水产养殖一般采取高密度放养，养殖过程中投喂大量外源性饵料，加上需要依靠大量施用抗生素来控制细菌性疾病，未能被水产利用的饵料、药物及水产的排泄物使水体污染严重。池塘和湖泊养殖为了控制水质频繁大量换水、海产养殖中海域自然潮汐形成的海水流动，都会使养殖污水排放到周边水域，导致自然水体富营养化等问题，环境退化，最终造成生态系统被破坏等危险。

种植业对水体污染的主要原因是农田径流，施用在农田中的肥料随地表径流进入自然水体中，带入大量氮、磷等营养元素，易造成邻近水体及土地富营养化。

（3）土壤是农业生产的最基本的生产资料，也是人类生存和健康的基本条件。单从养殖业角度看，养殖者为降低畜禽发病率，在养殖饲料中添加一些抗生素及各种微量元素，但是却造成畜禽粪便中带有多种抗生素和重金属，堆放或直接灌溉到农田会使土壤中抗生素和重金属含量过高，从而使粮食、蔬菜和水果中含有较多的抗生素和重金属，最终影响食用者的身体健康和安全。另外，农田大量施用污染的畜禽粪便，不但难以起到肥力作用，而且容易破坏土壤结构和性质，从而严重影响植物健康生长和发育。

种植业对土壤的污染，第一是源于农用地膜残留，以及施用的农药、化肥等随雨水渗入地表造成污染；第二是由于焚烧秸秆造成土壤中微生物锐减、有机物大量损失，使表层土壤成为焦土导致土壤板结并影响后续种植效果。

（4）生物方面，人与其他生物之间的疾病传染问题不容忽视，如禽流感、SARS（严重性呼吸综合征）、结核病、沙门氏菌等疾病，以及大多数寄生虫等都来源于畜禽及其粪便，由于这些病原的存在和蔓延，容易借助于大气、水体、土壤等介质，直接或间接地传染和危及人类健康和安全。经调查，畜禽粪便未经无害化处理直接还田的地区，土壤的苍蝇密度及致病菌污染水平等均高于经过无害化处理再还田的地区。水产养殖业为了追求高额的利润，随意引入外来品种养殖，容易造成水体内部及周边物种多样性的衰减及其生态平衡的破坏。

4. 农业废弃物资源化利用的主要方式有哪些？

农业废弃物资源化利用的方式有肥料化（主要是易腐有机物类）、饲料化（主要是植物纤维性废弃物和动物性废弃物）、能源化、基料化和原料化。

肥料化利用是农业废弃物资源化利用的最主要方式，其中又以秸秆机械化还田和畜禽粪便制作有机肥为重要途径，是确保农业废弃物资源化利用的基本保障。

饲料化和能源化利用是辅助保障。粪便的能源化或秸秆的饲料化利用是农业废弃物资源化利用的第二大途径，是除肥料化利用之外的最主要利用方式，是农业废弃物全量化利用的辅助保障。

基料化和原料化等其他利用方式是补充保障。农业废弃物原料化、基料化等利用量有限，从总体来看，不太可能成为秸秆利用的主要途径，只能起到拾遗补缺的作用。

5. 什么是农业废弃物肥料化利用？

农业废弃物肥料化利用是一种非常传统的利用方式，分为直接利用和间接利用。

直接利用是一种最直接最省事的方法，在土壤中通过微生物作用，缓慢分解，释放出其中的矿物质养分，供作物吸收利用，分解成的有机质、腐殖质为土壤中微生物及其他生物提供食物，从而一定程度上能够改善土壤结构、培育地力、增进土壤肥力、提高农作物产量，但自然分解速度较慢，尤其是秸秆类废弃物腐熟慢，发酵过程中有可能损害作物根部。

间接利用是指废弃物通过堆沤腐解（堆肥）、过腹、菇渣、沼渣、或生产有机生物复合肥等方式还田。堆沤腐解还田是数千年来农民提高土壤肥力的重要方式，传统的堆沤腐解具有占用的空间大，处理时间较长等缺点，随着科学技术水平的提高，利用催腐剂、速腐剂、酵素菌等经机械翻抛，高温堆腐、生物发酵等过程能够将其高值转化为优质的有机肥，具有流水线作业、周期短、产量高、无环境污染、肥效高、宜运输等优点；过腹还田具有悠久历史，是一种效益很高的方式，是适当处理的废弃物经饲喂后变为粪肥还田，对保持与促进农牧业持续发展和生态良性循环有积极作用；菇渣还田是指培育食用菌后，菇渣进行还田，经济、社会、生态效益兼得；沼渣还田是指厌氧发酵后副产品沼液、沼渣还田，其养分丰富、肥效缓速兼备，是生产无公害农产品的良好选择；生产有机生物复合肥是能够进行工业化制作、商品化流通、高效利用的农业废弃物好氧发酵生产有机肥的方式。

6. 什么是农业废弃物饲料化利用？

农业废弃物的饲料化主要包括植物纤维性废弃物饲料化和动物性废弃物饲料化。

植物纤维性废弃物主要指秸秆类物质，秸秆中的木质素与糖结合在一起使得瘤胃中的微生物及酶很难分解，并且蛋白质含量低，其他必要营养缺乏，导致直接饲喂不能被动物高效吸收利用，需要对其进行进一步的加工处理，从而改善其营养价值、提高适口性和利用率。饲料化利用主要有物理处理（机械加工、辐射、蒸汽等）、化学处理〔NaOH、氨化、Ca(OH)$_2$、尿素、氧化等〕、生物学处理（青贮、发酵、酶解等）及多种方法复合处理。各种处理方法对于改进营养价值、提高利用率均有不同程度的作用，应根据具体条件因地制宜地综合选择利用方法。如采用黑曲霉、白地霉组合菌株对榨汁后的甜高粱茎秆渣及发酵残渣进行发酵，所得蛋白饲料的粗蛋白含量由 2.01% 提高到 21.43%，粗纤维由 12.37% 降为 2.34%；英国研究者从农作物秸秆中筛选出一种白腐菌属真菌，它能降解木质素，但不能降解纤维素，用这种真菌发酵农作物秸秆，能使农作物秸秆饲料的消化率从 9.63% 提高到 41.13%，效果极为明显。秸秆资源用于发酵饲料，可有效替代粮食的饲用价值。

动物性废弃物饲料化主要指畜禽粪便中含有未消化的粗蛋白、消化蛋白、粗纤维、粗脂肪和矿物质等，经过热喷、发酵、干燥等方法加工处理后掺入饲料中饲喂利用。该技术需要特别注意灭菌，彻底消除饲料安全隐患。利用米曲霉和白地霉接入鲜鸡粪与麸皮等混合料中进行固态发酵，并在发酵过程中添加氮源制的饲料适口性较好，可替代部分配合饲料，添加 40% 鸡粪饲料喂猪后，猪日增重比单喂配合饲料增加 10.83%。还可用禽畜粪便饲喂黑水虻，黑水虻可以在短时间内消化畜禽粪便，同时，其幼虫亦可作为蛋白饲料。

7. 什么是农业废弃物能源化利用？

农业废弃物的能源化利用主要分为厌氧发酵及直燃热解两个方向。

厌氧发酵分为制沼气和微生物制氢技术。厌氧发酵制沼气技术是指农业废弃物经多种微生物厌氧降解成清洁燃料——沼气（甲烷含量50%～70%）及副产品沼液和沼渣的过程。农作物秸秆、蔬菜瓜果的废弃物和畜禽粪便都是制沼气的好原料，并且混合废弃物共同处理比单独处理时生物气的产量有显著提高。沼气除了可供日常生活（如烧饭、照明、取暖）外，还可以进行大棚温室种菜、孵化雏鸡、增温养蚕、发电上网、车用燃气供应等，副产品沼液沼渣含有丰富的氮、磷、钾等营养物质，可作为优质的有机肥，采用热电肥联产模式，实现资源高效利用，废物零排放。微生物制氢技术是指利用异养型的厌氧菌或固氮菌分解小分子的有机物制氢的过程，具有微生物比产氢速率高、不受光照时间限制、可利用的有机物范围广、工艺简单等优点。

直燃热解又分为直燃和热解两方面。直燃作为一种传统获得热能的技术一直存在，例如使用秸秆（其能源密度能达到13 376～15 466kJ/kg）直燃做饭、取暖，但随着社会发展与人民生活水平的提高，已由煤、燃气或电取代。现阶段直燃表现为生物质固体成型燃料供热与发电和有机垃圾混合燃烧发电，例如使用生物质能成型燃料在工业锅炉和电厂中代替部分煤、天然气、燃料油等化石能源，将收集的废旧农膜、城市垃圾直接放进焚烧炉里焚烧，产生的热能可以用于采暖或发电。农业废弃物通过热解技术可以转化为清洁的气体燃料、热解油和固体热解焦等产品，富氢燃料气体部分可以进入锅炉燃烧、进行城镇（或集中居住的较大乡村）的集中供热供气、供发电机发电或者供燃料电池等；热解液体经过加工制备生物柴油、生物汽油或者生产酸、醇、酯、醚等有机化工产品，有助于缓解我国原油资源短缺问题；固体热解焦由于孔隙发达、比表面积较大可作为吸附材料用于环境污染治理，或者作为燃料供热解所需的热源。迄今为止，国内外对与农业废弃物有关的生物质进行过多方面的加工研究。

8. 什么是农业废弃物基料化利用？

基料化利用是指经适当处理的农业废弃物作为农业生产（如栽培食用菌、花卉、蔬菜等，及养殖高蛋白蝇蛆、蚯蚓等）的基质原料。作为基质，主要起支持、固定植株，并为植物根系提供稳定协调的水、气、肥环境的作用，应达到具有适宜的理化性质，易分解的有机物大部分分解，施入土壤后不产生氮的生物固定，通过降解除去酚类等有害物质，消灭病原菌、病虫卵和杂草种子等标准；其关键在于原料的选取及配比和原料的前处理。玉米秸、稻草、油菜秸、麦秸等农作物秸秆，稻壳、花生壳、麦壳等农产品的副产物，木材的锯末、树皮等，甘蔗渣、蘑菇渣、酒渣等二次利用的废弃有机物，鸡粪、牛粪、猪粪等养殖废弃物都可以作为基质原料。

9. 什么是农业废弃物原料化利用？

农业废弃物中的高蛋白资源和纤维性材料可以生产多种生物质材料和农业资料，例如秸秆作为纸浆原料、保温材料、包装材料、各类轻质板材的原料，可降解包装缓冲材料、编织用品等，或稻壳作为生产白炭黑、碳化硅陶瓷、氮化硅陶瓷的原料；棉籽加工废弃物清洁油污地面；或棉秆皮、棉铃壳等含有酚式羟基化学成分制成聚合阳离子交换树脂吸收重金属；或利用甘蔗渣、玉米渣等二次利用废弃物制取膳食纤维食品，提取淀粉、木糖醇、糠醛等，或把废旧农膜、编织袋、食品袋等经过一定的工艺处理后作为基体材料，同时加入适当的添加剂，通过一定的处理和复合工艺形成以球—球、球—纤维堆砌体系为基础的复合材料。目前"秸秆清洁纸浆及综合利用技术"已较成熟，只要能科学合理地应用，适当扩大规模，实现清洁生产，在一定时期内秸秆仍将是一种可靠的非木材纤维造纸原料。使用秸秆制造各类轻质板材其保温性、装饰性、耐久性均属上乘，不仅可以弥补木材的短缺，减少森林的砍伐，保护森林资源，而且还可消耗大量以稻草、麦秸为主的秸秆资源，降低秸秆焚烧所带来的大气污染，具有较高的生态效益。原料化是农业废弃物利用的一个重要途径，其关键是依靠科技开发利用，最大限度地利用农业废弃物中有益的物质循环利用，是未来农业废弃物利用的一个重要方向。

10. 农业废弃物资源化循环利用模式主要有哪些？

农业废弃物资源化循环利用模式，通常是直接或间接地通过肥料化这一"媒介"，使农业废弃物重新回归到农业生产循环系统中。肥料化是农业废弃物循环利用的根本归宿，直接或间接肥料化的农业废弃物约占农业废弃物总量的 90%。基于此，总结出以下 4 种利用模式。

（1）以肥料化为纽带的利用模式。此种利用模式主要是通过种植业产生秸秆和畜禽养殖业产生的粪便，直接转化为肥料连接上下生产环节。农业生产产生废弃物通过直接还田或制作有机肥还田，实现农业废弃物的循环利用。

（2）以能源化为纽带的利用模式。此种利用模式主要是通过农业生产产生的废弃物的厌氧发酵生产沼气，沼气用于生活能源或发电，产生的沼渣和沼液用作农业生产的肥料，重新回归农业生产系统，实现农业废弃物的循环利用。

（3）以饲料化为纽带的利用模式。此种利用模式主要是通过种植业产生秸秆的饲料化，进行畜禽养殖，养殖产生的粪便用于农业生产肥料，实现农业废弃物的循环利用。

（4）以基料化等为纽带的利用模式。此种利用模式主要是通过农业生产产生废弃物的基料化，进行蔬菜、花卉、食用菌等的种植或种苗的繁育，使其直接或间接（培养基肥料化）回归于农业生产系统，实现农业废弃物的循环利用。

第二章

大田作物秸秆资源化利用技术

11. 哪些大田作物的秸秆可以进行资源化利用？

秸秆是农作物（包括粮食作物和经济作物）成熟后收获其籽实所剩余的地上部分的茎叶、藤蔓或穗的总称，通常指水稻、小麦、玉米、薯类、高粱、甘蔗等农作物在收获籽实后剩余的部分，如残剩的茎叶、藤蔓或秸秆等。农作物秸秆是人类重要的可再生资源，是畜禽饲料的有效供给资源，还是工农业生产的重要生产资源。

焚烧秸秆污染环境

利用秸秆　变废为宝

12. 大田作物秸秆资源化利用技术有哪些？

大田作物秸秆资源化利用技术主要包括：肥料化利用技术、饲料化利用技术、能源化利用技术、工业原料化利用技术、基料化利用技术等。

其中，秸秆肥料化利用技术又分为秸秆粉碎还田技术、秸秆腐熟还田技术、秆好氧堆肥技术等形式；秸秆饲料化利用技术分为秸秆青贮技术、秸秆黄贮技术、秸秆膨化技术等形式；秸秆能源化利用技术分为秸秆直燃发电技术、秸秆固化成型技术、秸秆碳化技术、秸秆沼气生产技术、秸秆燃料乙醇生产技术、秸秆热解气化技术等形式；秸秆工业原料化利用技术分为秸秆人造板材生产技术、秸秆清洁制浆技术、秸秆木糖醇生产技术；秸秆基料化利用技术分为秸秆栽培草腐菌类技术、秸秆栽培木腐菌类技术、秸秆植物栽培基质技术。

13. 什么是秸秆粉碎还田技术？

秸秆粉碎还田技术是指用收获机自带的粉碎装置或专用秸秆粉碎还田设备，将小麦、水稻、高粱、玉米等粮食作物的茎秆和茎叶粉碎并直接抛撒在田间覆盖于地表，或者抛撒后还可通过耕翻将已粉碎的秸秆深埋入土进行还田。秸秆粉碎直接还田技术主要有秸秆机械粉碎覆盖还田技术和秸秆机械粉碎翻压还田技术两种方式。

农作物秸秆粉碎还田有以下优点：一是增加土壤有机质、增肥地力，农作物秸秆含有氮、磷、钾、钙、镁等矿物质养分和有机质，将农作物秸秆直接切碎还田，能够全面补充土壤养分，增加土壤有机质；二是改善土壤环境、改造中低产田，秸秆中含有大量的能源物质，还田后能够使土壤生物活性强度提高，随着微生物繁殖力的增强，生物固氮增加、碱性降低，促进了土壤的酸碱平衡，养分结构趋于合理，同时秸秆还田可使土壤土质疏松，通气性提高，犁耕比阻减小，土壤结构明显改善；三是形成有机质覆盖、抗旱保墒，秸秆还田可形成地面覆盖，土壤的保水、透气和保温能力增强。

玉米秸秆粉碎还田后的农田地表

农作物秸秆粉碎还田有以下缺点：一是若秸秆还田量过大时（一般都达到每亩 700kg 以上）（1 亩 ≈ 667m²，全书同），容易造成耕层翘空不实，秸秆分解困难，不利于后作生长；二是如果农作物秸秆粉碎不及时深翻覆盖，造成水分流失，不利于秸秆分解和腐熟，影响后作根系下扎和生长；三是土壤养分集于表层，难以保证作物后期的养分供应，同时土壤深层蓄水少，作物根系发育差，降低了后期抗御干旱和干热风的能力，影响产量还会造成当季肥效差；四是杂草和传播病菌、虫卵易滋生等问题。

14. 秸秆粉碎还田作业可以使用哪些农机装备？

（1）秸秆机械粉碎覆盖还田技术。

技术路线：机械粉碎秸秆→均匀铺放地表。

配套农机：秸秆粉碎还田机。

秸秆粉碎还田机按照动力传动方式可分为：与拖拉机配套的秸秆粉碎还田机以及与联合收割机配套的秸秆粉碎还田机等两种。在国内，二者普遍采用齿轮、单边皮带传动的卧式秸秆粉碎装置，通过采用逆转方式作业，将地面的秸秆捡拾并粉碎，而立式秸秆粉碎还田机多用于棉花秸秆的粉碎还田。

与拖拉机配套的秸秆粉碎还田机

与玉米联合收获机配套的秸秆粉碎还田装置

与稻麦联合收获机配套的秸秆粉碎还田装置

（2）秸秆机械粉碎翻压还田技术。

技术路线：机械粉碎秸秆→均匀铺放地表→铧式犁翻埋（或旋耕机混埋）。

配套农机：秸秆粉碎还田机、铧式犁/旋耕机。

利用铧式犁进行秸秆翻埋作业　　　　　利用旋耕机进行秸秆混埋作业

15. 什么是秸秆腐熟还田技术？

秸秆腐熟还田技术是指在秸秆粉碎还田时，通过植保机械向粉碎的秸秆接种有机物料腐解微生物菌剂（简称为腐熟剂），腐熟剂中含有大量木质纤维素降解菌，可以快速降解秸秆的木质纤维物质。最终，在适宜的营养、温度、湿度、通气量和pH值条件下，还田的秸秆分解矿化成为简单的有机质、腐殖质以及矿物养分。相比较直接还田而言，秸秆腐熟还田技术通过接种有机物料腐解微生物菌剂，可以促进还田秸秆快速腐解，增加土壤有机质，利于农机作业。

腐熟剂施用可以采用以下两种方式：一是按用量兑水直接喷洒在秸秆上，这样既均匀又能使秸秆腐熟剂得到充分利用；二是将秸秆腐熟剂用泥土（或肥料）搅拌均匀后，使用固体厩肥撒施设备撒施到田内，随后进行整地。

施用腐熟剂时应注意以下几点：一是腐熟剂应以复合菌剂为宜，用于秸秆直接还田的微生物降解菌应以常温菌为主；二是秸秆含水量应为田间持水量的60%～70%，此时较适合于纤维素分解，太干时应向秸秆喷水，增加湿度；三是施用后应避免长时间晴天暴晒，同时也不能与大量化肥和杀菌剂混施，使用时应尽量选择阴天或早上或黄昏，避免阳光中的紫外线照射腐熟剂。

16. 秸秆腐熟还田需要经过哪些作业流程？

以玉米秸秆腐熟还田为例，需要经过以下作业流程。

（1）剔除病株。无论机械收获还是人工摘穗，首先都需要人工剔除病株，秸秆病虫害严重的地块不宜进行还田。

（2）秸秆还田。还田方式采用玉米收获机直接粉碎还田，也可人工摘穗后采用秸秆还田机作业，秸秆切碎长度小于 10cm，均匀覆盖地表。秸秆还田作业时，应保证秸秆含水量在 30% 以上，此时含糖分、水分较大，易碎，有利于切割，粉碎和加快腐解。

（3）施用腐熟剂。秸秆还田后，按照 2 ～ 3kg/ 亩的用量标准施用秸秆腐熟剂，同时还需增施 5kg 尿素，因为玉米秸秆腐解过程中，微生物分解秸秆时需要吸收一定量的氮素。秸秆腐熟剂亩施用量较少，不宜单独撒施，可与适量的细砂土混匀后，均匀地撒在秸秆上。

（4）及时深翻。秸秆粉碎撒入田地后，要及时用犁将秸秆翻埋入土，深度一般要求 20 ～ 30cm，使粉碎秸秆与土壤充分混合，若秸秆翻入土壤后墒情不好，需浇水调节土壤含水量，以利于秸秆腐熟分解。

17. 什么是秸秆好氧堆肥技术？

秸秆好氧堆肥技术主要是利用好氧微生物，进行秸秆有机分解转化的生物化学技术。秸秆等有机固体废弃物与自然界中能够高产特定酶的微生物结合，能够有效地促进有机固体废弃物转化为稳定的腐殖质。堆肥过程中，好氧微生物在氧气充足的条件下，对废弃物中的有机物进行分解和转化，通过自身的生命活动，把一部分被吸收的有机物氧化成简单的无机物，同时释放出微生物生长活动所需的能量，而另一部分有机物则被合成新的细胞质，使微生物不断生长繁殖，产生出更多生物体，最终产生 CO_2、H_2O、热量和腐殖质等一系列物质。

好氧堆肥一般分为以下四个阶段。

（1）升温阶段。堆肥初期堆层基本呈中温（堆层温度 15 ～ 45℃），中温下放线菌、蘑菇菌等嗜温性微生物较为活跃，它们利用堆肥中可溶性有机物质进行旺盛繁殖，在转换和利用化学能的过程中，有一部分变成热能。由于堆料有良好的保温作用，因此堆肥温度不断上升。

（2）高温阶段。当堆肥温度上升到45℃以上时，即进入堆肥过程的第二阶段。堆层温度升至45℃以上，不到一周可达65～70℃，随后又逐渐降低。温度上升到60℃时，真菌几乎完全停止活动，温度上升到70℃以上时，大多数嗜热性微生物已不适宜生长，微生物大量死亡或进入休眠状态，除一些孢子外，所有的病原微生物都会在几小时内死亡，其他种子也被破坏。

（3）降温阶段。在此阶段，中温微生物又开始活跃起来，重新成为优势菌，对残余较难分解的有机物作进一步分解，腐殖质不断增多，且稳定化。当温度下降并稳定在40℃左右时，堆肥基本达到稳定。

（4）腐熟阶段。堆体温度降低后，嗜温微生物又重新占优势，对残余较难分解的有机物作进一步分解，腐殖质不断增多且稳定化，此时堆肥即进入腐熟阶段。降温后，需氧量大大减少，含水量也降低，堆肥物孔隙增大，氧扩散能力增强，此时只需自然通风即可。

18. 什么是秸秆青贮技术？

秸秆青贮技术是将新鲜玉米、高粱和黍类作物的秸秆切碎后，紧实堆积于不透气的青贮窖（或其他贮存设备）内，在适宜的厌氧环境下，利用乳酸菌等微生物的发酵作用，将秸秆原料中的糖类等碳水化合物转化为乳酸等有机酸，使青贮饲料的 pH 值维持在 3.8～4.2，从而抑制青贮饲料内的乳酸菌等生物活动，达到保存饲料、提高秸秆营养价值和适口性的一种方法。

秸秆青贮饲料主要有以下几个方面的特点：一是青贮秸秆养分损失少，可以最大限度地保持青绿饲料的营养物质，特别是在保存蛋白质和维生素方面要远远优于其他保存方法；二是在青贮过程中由于微生物发酵作用，产生大量的乳酸和芳香物质，气味酸香，增强了其适口性和消化率；三是可调节青饲料供应的不平衡，由于青饲料生长期短、老化快，很难做到一年四季均衡供应，而青贮饲料做成后可以长期保存，因此可以弥补青饲料利用的时差之缺，同时还可以净化饲料、杀死青饲料中的病菌、虫卵，破坏杂草种子的再生能力，从而减少对畜禽和农作物的危害。

19. 秸秆青贮饲料一般有哪几种贮藏方式？

秸秆青贮的方式有很多种，根据饲养规模，地理位置，经济条件和饲养习惯可分为：窖贮、袋贮、包贮、池贮和塔贮，也可在平面上堆积青贮等。其中，窖内青贮一般适用于养殖规模大的养殖户，袋装青贮一般适用于养殖规模比较小的养殖户。

青贮饲料窖贮及配套取料机

（1）窖贮。窖贮是一种最常见、最理想的青贮方式，虽一次性投资大些，但窖坚固耐用，使用年限长，可常年制作，贮藏量大，青贮的饲料质量有保证。

（2）包贮。裹包青贮是一种利用机械设备完成秸秆或饲料青贮的方法，是在传统青贮的基础上研究开发的一种新型饲草料青贮技术。将粉碎好的青贮原料用打捆机进行高密度压实打捆，然后

青贮饲料包贮

通过裹包机用拉伸膜包裹起来，从而创造一个厌氧的发酵环境，最终完成乳酸发酵过程。

（3）堆积青贮。平面堆积青贮适用于养殖规模较小的农户，如养奶牛 3 ～ 5 头或者养羊 20 ～ 50 只，可以采用这种方式，平面堆积青贮的特点是使用期较短，成本低，一次性劳动量投入较小。制作的时候需要注意青贮原料的含水量（一般要求在 65% 左右），要压实，要密闭。这些环节会直接影响青贮料的品质。

20. 裹包青贮相较于常规青贮有何优缺点？

裹包青贮与常规青贮一样，有干物质损失较小、可长期保存、质地柔软、具有酸甜清香味、适口性好、消化率高、营养成分损失少等特点。同时还有以下几个优点：制作不受时间、地点的限制，不受存放地点的限制，若能够在棚室内进

行加工，也就不受天气的限制了。与其他青贮方式相比，裹包青贮过程的封闭性比较好，通过汁液损失的营养物质也较少，而且不存在二次发酵的现象。此外裹包青贮的运输和使用都比较方便，有利于它的商品化。这对于促进青贮加工产业化的发展具有十分重要的意义。

裹包青贮虽然有很多优点，但同时也存在着一些不足。一是这种包装很容易被损坏，一旦拉伸膜被损坏，酵母菌和霉菌就会大量繁殖，导致青贮料变质、发霉。二是容易造成不同草捆之间水分含量参差不齐，出现发酵品质差异，从而给饲料营养设计带来困难，难以精确地掌握恰当的供给量。

自走式青贮饲料裹包机　　　　　　　固定式青贮裹包机

21. 什么是玉米秸秆黄贮技术？

黄贮是相对于青贮而言的一种秸秆饲料发酵办法。玉米秸秆黄贮是在玉米籽粒收获后，将玉米秸秆切碎装入青贮窖中，通过添加适量水和生物菌剂，经过密闭厌氧微生物发酵，将大量的纤维素、半纤维素，甚至一些木质素分解，调制成具有酸香味、适口性好、可长时间贮存的粗饲料，最后达到与青贮同样的贮存效果。与干玉米秸秆相比，具有气味芳香、适口性好、消化利用率高等优点。

在玉米秸秆进行黄贮时，应注意以下技术要点。

（1）收割。一般是在玉米蜡熟后期，果穗苞皮变白，植株下部 5～6 片叶子枯黄即可收获。为保持原料水分不损失，应随割随运随贮。

（2）切碎。秸秆铡碎长度以 1～2cm 为宜，过长不易压实，容易变质腐烂。

（3）装窖。切碎的原料要及时入窖，除底层外，要逐层均匀补充水分，使其水分达到 65%～70%。即用手将压实后的草团紧握，指间有水但不滴为宜。为提高秸秆黄贮糖分含量，保证乳酸菌正常繁殖，改善饲草品质，可添加0.5%左右麸皮或玉米面。

（4）压实。装填过程中要层层压实，充分排出空气。可以用拖拉机、装载机等机械反复碾压，尤其要将四周及四角压实。

（5）密封。原料装填至高出窖口40～50cm、窖顶中间高四周低呈馒头状时，即可封窖。在秸秆顶部覆盖一层塑料薄膜，将四周压实封严，用轮胎或土镇压密封。土层厚30～50cm，表面拍打光滑，四周挖好排水沟，防止雨水渗入。制作后要勤检查，发现下陷、裂缝、破损等，要及时填补，防止漏气。封窖后40～50天，可开窖使用。

22. 什么是秸秆压块饲料加工技术？

秸秆压块饲料加工技术是指将各种农作物秸秆经机械铡切或揉搓粉碎之后，根据一定的饲料配方，与其他农副产品及饲料添加剂混合搭配，经过高温高压轧制而成的高密度块状饲料或颗粒饲料。秸秆压块饲料加工可将维生素、微量元素、非蛋白氮、添加剂等成分强化进颗粒饲料中，使饲料达到各种营养元素的平衡。

秸秆压块饲料与原始饲料相比，主要有以下几个特点。

一是体积小、比重大、方便运输。

二是不易变质，便于长期保存。夏秋两季各种农作物秸秆及牧草资源极为丰富，但却不能有效利用，在秋季通过长期储存的四季饲料，可有效地解决部分地区饲草资源稀少和冬、春短草的问题；同时在压块加工生产中，可以产生70℃的高温和高压，防止病虫害的侵入，便于存放。

三是适口性好，采食率高。秸秆经过机械化压块加工后，在高温的作用下，秸秆被加热，由生变熟，喂养牲畜适口性好，秸秆压块饲料还被称为牛羊的"压缩饼干"或"方便面"。

秸秆压块饲料

23. 加工秸秆压块饲料的工艺流程有哪些?

（1）秸秆收集。根据当地的秸秆资源条件，确定用于压块饲料生产的主要秸秆品种。

（2）晾晒。适宜压块加工的秸秆湿度应在20%以内，所以收集的秸秆要先晾晒，以降低秸秆内的含水量。

（3）去除杂质。对于收集的秸秆要去除杂质，主要是去除秸秆中的金属物和石块等杂物。

（4）切碎。去除杂质后的秸秆经过铡切系统进行铡切，铡切的长度一般控制在3～5cm。

（5）发酵处理。秸秆切碎后将其堆放12～14h，使切碎的秸秆各部分湿度均匀。可用运输机将切碎的秸秆均匀地输送到除尘机内，对其进行振动除尘。在秸秆压块之前可对粉碎的秸秆进行发酵处理，来提高其营养水平。

（6）添加营养物质。为了使压块饲料在加水松解后能直接饲喂，可在压块前添加一定的营养物质，使其成为全价营养饲料，可以根据用户的需要按比例添加精饲料、微量元素等营养物质。

（7）压块。做好上述处理后，即可用轧块机压块，从轧块机模口挤出的秸秆饲料块温度高、湿度大，可用冷风机将其迅速降温，压块后的饲料可以堆放以降低含水量。最后将成品压块饲料按要求进行包装，贮存在通风干燥的仓库内。

24. 什么是秸秆揉丝加工技术?

秸秆揉丝加工技术是变传统的秸秆横向铡切为纵向挤丝揉搓，将秸秆揉搓加工成软的丝状饲草。秸秆经过揉丝加工之后，破坏了秸秆表皮结构，使饲草柔软，适口性好，采食率可达97%以上。

秸秆揉丝加工技术通常用于加工玉米秸秆。玉米秸秆揉丝技术是用玉米秸秆挤丝揉搓机，将玉米秸秆处理成柔软

玉米秸秆揉丝后的效果

丝状草料，并且通过微生物处理技术从根本上改变秸秆的营养成分，改善适口性，提高采食率。玉米秸秆揉丝技术与常规玉米秸秆生产加工技术相比，有着以下几种特点。

一是在切割技术上，通过切揉过程破坏秸秆表面硬质茎节，利于畜禽消化吸收，挤丝加工后的饲草，宽度为 3～5mm，长度为 3～10cm，质地柔软，将畜禽类不能直接采食的部分秸秆加工成了适口性较好的饲料，采食速度提高 40%，秸秆利用率提高 50 个百分点，达到了 98% 以上。

二是在发酵技术上，改变传统的单纯厌氧发酵为添加微生物剂发酵。通过生物发酵技术处理，使秸秆的木质素、纤维素被降解成低聚糖、乳糖和挥发性脂肪酸，木质素由 12% 降解到 5% 左右，秸秆蛋白质含量原来的 4%～5% 提高到 8.5%～12%，增加了秸秆的营养价值，提高了饲料的适口性，家畜采食率得到了提高。

三是在贮藏方式上，改变传统的窖贮为袋贮。通过采用袋贮发酵的技术，大幅度降低了秸秆饲草在贮藏使用中的浪费，一般窖贮青贮玉米秸秆，由于开窖取料，空气易进入窖中，造成大量霉变，使青贮秸秆浪费率达 20%。而采用袋贮便于取料后密封，减少了霉变发生率，非常适合目前我国的小规模饲养水平。

四是在产品保存方式上，改变传统的封闭保存为开放式保存。通过挤压袋贮，既可减少玉米秸秆贮藏占地面积，解决防火难、防霉变难的问题，又可减轻饲养人员的劳动强度，实现了秸秆饲草由产品向商品的转化。

玉米秸秆揉丝机

25. 什么是秸秆膨化技术?

早期的秸秆挤压膨化技术主要用于食品加工行业。20 世纪 50 年代，美国开始将挤压膨化技术应用于饲料加工业，主要是用于对饲料原料进行预处理。我国从 20 世纪 90 年代开始研究饲料的挤压膨化加工技术，经过近 20 年的发展，目前挤压膨化加工技术也在国内的饲料加工行业中获得广泛的应用。该技术将物料置于挤压机的高温高压环境下，然后突然释放物料至常温常压状态，使得物料的内部组织结构和性质产生变化。膨化能有效地增加秸秆的营养价值，是今后开发利用秸秆资源的最佳途径。

秸秆膨化技术制成的饲料具有以下几个特点：一是饲料柔软细嫩、适口性好，具有醇香、酸香、果香，营养丰富，易于吸收；二是秸秆饲料营养成分增加，利用率提高，减少精饲料用量，降低饲养成本；三是有益菌参加了牲畜肠道菌平衡的调节，增强了牲畜机体免疫力，减少疾病发生率，促进牲畜生长；四是改善肉质、奶质，促进生态养殖业的发展。

26. 秸秆膨化机有哪些种类？

膨化的核心设备是集压缩、混合、混炼、熔融、膨化、成型等功能于一体的挤压膨化机。目前，广泛使用的挤压膨化机分为单螺旋机构和双螺旋机构两种。

相同的是，二者都是挤压机螺杆的旋转产生推动力，进而将物料螺旋向前挤压，使物料受到混合、搅拌和摩擦以及高剪切力的作用，同时在机腔外部设置加热装置，机腔内温度和压力升高（温度可达到 150 ～ 200℃，压力可达 1 MPa 以上），然后物料从模孔被瞬间挤出，由于物料从高温高压状态下突然变为常温常压状态，其中游离水分在此压力和温度差下急剧汽化，从而导致物料中产生气孔，物料体积膨大几倍到十几倍。

不同的是，单螺杆挤压膨化机具有投资小、加工成本低等优点，缺点是不能加工高脂肪、高水分的物料，对物料粒度、水分、组分的要求严格，且容易产生物料倒流、螺杆易磨损等问题。双螺杆挤压膨化机则克服了单螺杆膨化机的这些缺点，但是投资较大，加工费用较高。

27. 秸秆膨化后有哪些用途？

秸秆膨化后，可加工成秸秆膨化生物饲料，也可用于造纸行业，还可用于秸秆生产有机肥，市场用量巨大，发展前景广阔。

（1）在养殖领域的应用。与传统常规饲喂方法相比，用秸秆膨化饲料的牲畜肉质、肉色、口感明显好于常规饲养。秸秆膨化饲料不仅可以提高牲畜的屠宰率、胴体产肉率、净肉率和眼肌面积等屠宰性能，而且可以提高肉的剪切力以及蛋白质、粗脂肪的含量，提升肉的品质与营养。

（2）在造纸行业的应用。通过秸秆膨化机膨化，秸秆皮瓤分离，瓤作为禽类饲料、皮是优质的造纸原料。可用于生产高强瓦楞纸、白色包装纸、轻型书写纸、生活用纸和一般用纸的混合原料。利用机械、生物、化学综合技术处理秸秆，每生产1t绝干纸浆总成本1 200元，每吨现行市场价1 800元左右，经济效益十分可观。具有成本低、能耗小、投资少、无污染、效益高的优点。

（3）在有机肥方面的运用。秸秆膨化后，加上尿酸，可制作有机肥料。同时，也可以通过对家畜的饲喂，实现过腹还田。

28. 什么是秸秆碳化技术?

秸秆碳化是秸秆经烘干、粉碎，然后在制碳设备中，在隔氧或少量通氧的条件下，经干燥、干馏（热解）冷却等工序，使松散的秸秆制成木炭的过程。通过秸秆碳化生产的木炭称为秸秆木炭或者秸秆炭。由于秸秆碳化与传统的木炭烧制法不同，它以机械加工为主要手段，因而人们又把秸秆木炭称为机制秸秆木炭或机制木炭。由于秸秆碳化拓展了木炭生产的原料来源，所以把以秸秆、木材等生物质为原料通过机械干馏而制取的木炭统称为生物质木炭，简称为生物炭。

秸秆碳化在隔氧或者少量通氧的条件下，被高温分解生成燃气、焦油和炭，其中燃气和焦油又从碳化炉释放出去，最后得到秸秆炭。机制高温秸秆木炭含碳量高达80%以上，热值在30 000kJ/kg左右。以玉米秸秆炭为例，热值约为煤的0.7～0.8倍，即1.25t的玉米秸秆成型燃料块相当于1t煤的热值，玉米秸秆成型燃料块在配套的下燃式生物质燃烧炉中燃烧，其燃烧效率是燃煤锅炉的1.3～1.5倍，因此1t玉米秸秆成型燃料块的热量利用率与1t煤的热量利用率相当。

秸秆炭可以代替木柴、原煤、液化气等，广泛用于生活炉灶、取暖炉、热

碳化后的秸秆

水锅炉、工业锅炉、生物质电厂等。现有的燃煤锅炉完全适应生物质燃料，无须更换锅炉。秸秆碳化技术适用于秸秆资源丰富、规模大的区域。

29. 秸秆碳化机的日常维修与检查应注意什么？

碳化机的维护和检修的目的是修理和更换已损坏、磨损的零部件，以恢复其工作能力，确保机器的安全运转。内容包括日常维修和定期检查。

日常维修时应注意：一是应切断电源，维修人员应在两人以上，并挂出检修标志牌，确保维修人员的安全；二是详细阅读说明书，对碳化机各部位的结构进行熟悉，认清各个零部件的相对位置，明白设备的工作原理。

定期检查时应注意：一是应检查设备紧固件的坚固情况及传感器引线等线路情况；二是每周至少检查一次齿轮、齿圈的磨损情况，发现磨损严重应当提前一个月做好齿轮、齿圈的备件工作，特别的齿圈的更换，应先移走传动过桥单元再用气焊吹开齿圈与桶壁的连接板，然后用角磨机磨平桶壁连接处，对角依次松开齿圈上的顶丝，最后从进料端取下齿圈更换之；三是扬料板与导料板磨损后

秸秆碳化设备

的更换，应先确定其材质，然后再更换相同材质尺寸的零件，后根据相应材质对应的焊材原角度施焊连接，以增强焊接后的稳定耐久性；四是风道，因为长时间处于较高湿度和较高温度的环境，我们在日常维护中除了要经常检查其保温性、密闭性外，还要定期检查它的畅通，定期清除铁锈、尘土等堵塞物，必要时更换相同规格管道。

30. 秸秆碳化后的秸秆炭的用途都有哪些？

秸秆碳化后得到的秸秆炭，具有高固定碳、低挥发分含量和较发达的孔隙结构，因而反应活性很高，用途十分广泛。

（1）用于环保。秸秆炭其独特的微孔结构和超强的吸附能力，被广泛地应用于食品、制药、化工、冶金、造纸、国防、农业及环境保护等诸多方面，进行吸

附、去胶、除异味，也可用于污水处理和空气净化，替代吸附剂和净化剂等。

（2）用作燃料。秸秆炭具有低挥发分、高热值、燃烧完全等突出优点，是一种优良固体生物燃料。同时，由于挥发分和焦油的大量洗出，秸秆木炭燃烧时几乎无烟、无味、无残渣，燃烧时污染极小，排放的 SO_2 很少，是一种清洁能源。

（3）用于农业。一是可用于改良土壤，修复重金属污染的土壤，减小土壤容重，改善通气性；二是可作为肥料的缓释剂，炭粉吸附了化肥和农药以后，能够缓慢释放，起到提高肥料利用效率的效果，既可使肥料不易随雨水流失，又能使土壤养分保持一个平稳的状态，为作物长期、均衡供肥；三是用于生产碳基有机肥，秸秆炭不仅能够改良土壤，还能够提高作物产量。

31. 什么是秸秆沼气技术？

秸秆沼气技术是利用混合微生物厌氧发酵手段回收生物质能的技术。在发酵过程中，微生物通过分解代谢获得自身所需物质和能量，同时将大部分物质转化成沼气。这种技术的反应条件温和，反应温度一般在 35 ～ 55℃，主产物沼气是一种热值为 20 ～ 25MJ/m³ 的

秸秆沼气发酵罐

生物燃气，主要成分是 CH_4（55% ～ 70%）、CO_2、O_2、N_2 和 H_2S 等，副产品沼液、沼渣可回田利用。因此，利用秸秆制备沼气是一种成本低、能效高、绿色循环的秸秆处理方式。

沼气技术的关键在于厌氧消化过程。随着研究的深入，有关厌氧降解的理论也在不断发展，目前认可度较高的是四阶段论。在水解阶段，水解酶将非水溶性大分子有机物水解为可溶性小分子；在发酵阶段，发酵菌对水解产物进行胞内代谢，产生丙酸、丁酸为代表的有机酸和醇类；在乙酸化阶段，产氢产乙酸菌将有机酸进一步转化为乙酸等简单有机酸和 H_2、CO_2 等；最后产甲烷菌再把乙酸、H_2 转化为沼气，剩余的液体和固体出料为沼液和沼渣。实际上，各阶段间不存在明显的界限，而是同时进行，并保持动态平衡，前阶段的产物是后阶段的底物，微生物群落的稳定也是由各阶段菌株的协同和拮抗作用共同维系。其中，产甲烷菌是决定消化速率的主要微生物，产甲烷阶段是消化过程的限速步骤。值得

注意的是，若不进行有效预处理，秸秆的复杂结构将严重影响水解酶的降解性，水解阶段也将成为限制速率的关键步骤。目前除常用的碱法、加热等厌氧消化预处理方法外，秸秆粉碎也被证明是简单有效的预处理手段，它能通过增强纤维素的降解性，达到提升沼气产量的目的。

32. 我国秸秆沼气利用技术发展现状是怎样的？

秸秆沼气技术是我国农村能源利用的主推技术，主要有户用沼气池和集中供气工程两种规模。集中供气工程的建设自 20 世纪 70 年代开始，逐步成为国家发展的一大重点。2005 年我国在 11 个省份启动秸秆沼气工程示范项目，2011—2015 年沼气产能迅速增加，单机消化量达 3 000 ～ 5 000m³。截至 2017 年年底，我国生物沼气总生产规模约 5 760 万 m³。当前，我国在生物天然气的技术和商业化方面，已基本形成工业化设计、施工和运行体系，初步形成以供应链整合为基础的全产业链经营的商业模式。但总体而言，我国秸秆沼气产业还处在起步发展阶段。

"十三五"期间我国秸秆沼气行业发展相对缓慢，主要是因为缺乏相关支持政策，导致投资主体较少，产业化基础薄弱，并且成熟的商业模式和沼肥消纳市场也尚未形成。另外，秸秆沼气推广关乎农业、能源、环保等多个领域，涉及的政府部门较复杂，政策协调难度大。为打破困境，应结合调研结果和现实需求调整建设重点，推动示范项目的建设，合理规划项目规模和布局。

我国秸秆原料的时空分布和组分结构具有自身特点，国外技术无法切实解决制约国内秸秆沼气发展的问题。为此，各高校和研究所从原料贮存、协同发酵以及沼肥利用等方面多管齐下，取得一定研究成果。中国农业大学崔宗均团队针对国内秸秆贮存困难的问题，多年来深入研究了厌氧贮存过程的底物转化规律，已初步构建出碳—氮—菌综合调控的理论技术体系，研发出秸秆厌氧高效贮存—发酵技术。此外，中国科学院广州能源所、中国科学院成都生物所和农业农村部规划设计院等团队均具备秸秆沼气领域一流研究水平，各团队在借鉴国外经验的基础上正不断进行研究成果交流，力求研发出更适合我国国情的沼气发展模式。

第三章

蔬菜尾菜资源化利用技术

33. 什么是蔬菜废弃物?

蔬菜废弃物是指蔬菜产品收获及加工过程中丢弃的无商品价值的根、茎、叶、烂果及尾菜等。包括叶菜类废弃物,如花椰菜、甘蓝、大白菜的叶、根,瓜果类蔬菜的根、茎、叶、烂果,根茎类蔬菜的块根、块茎和叶等。

蔬菜废弃物

34. 我国蔬菜废弃物总量有多少?

统计显示,我国每年产生各类农作物秸秆 9.8 亿 t,蔬菜废弃物超过 2 亿 t,山东省农业科学院生物技术研究中心研究员岳寿松进一步将这一数据精确到了 2.3 亿 t。其中,设施蔬菜种植集中度较高,北方 15 省种植面积之和占全国总面积的 63.04%,山东与河北两省均超过 0.3 亿亩,仅山东寿光、青州两市,大棚蔬菜种植面积就达 120 万亩,每年产生蔬菜废弃物 270 多万 t。

35. 目前我国蔬菜废弃物的产生特点有哪些?

一是总量大、增速快。近年来,我国蔬菜面积增速较快,已超过 2 200 万 hm^2,

蔬菜废弃物堆积

在农业结构中占据了重要的地位，蔬菜产业已成为农业结构调整的突破口，成为促进农业增效、农民增收的主渠道。

二是环节多、范围广。在我国传统蔬菜产业中，从田间生产到市场销售，再到加工、食用的各个环节均会产生蔬菜废弃物。蔬菜废弃物的主要来源有蔬菜生产区、蔬菜集散地和蔬菜加工区等。在蔬菜生产区，废弃物主要由整枝打杈、病虫为害和拉秧等产生，这部分占蔬菜废弃物总量的 60% 左右。

36. 蔬菜废弃物的生物特性有哪些？

蔬菜废弃物含水量为 90% 左右，蔬菜茎秆含水量稍低，一般在 80% 左右。蔬菜废弃物营养成分丰富，平均含氮量为 3.45%、含磷量 0.84%、含钾量 2.46%，C/N 值为 11.04，pH 值为 7 左右，有机质含量较高，平均占干物质质量的 70% 左右，其中叶菜类蔬菜有机质含量可达干物质质量的 95%。有机成分中纤维素和木质素含量很高，分别为 28.5% 和 10.98%。蔬菜废弃物中其他物质含量如表 1 所示。

表 1　蔬菜废弃物理化性状

项目	水分 /%	pH 值	总固体 /%	挥发性固体 /%	C/%	N/%
叶菜类	88.00 ~ 95.90	6.10 ~ 7.60	4.10 ~ 13.80	51.20 ~ 95.13	29.70 ~ 47.41	2.05 ~ 5.69
瓜果类	87.04 ~ 91.25	6.20 ~ 7.50	—	64.90 ~ 69.60	26.00 ~ 39.51	3.23 ~ 4.04
茄果类	79.12 ~ 84.38	6.16 ~ 9.23	15.62 ~ 20.88	42.80 ~ 61.40	30.10 ~ 34.10	1.96 ~ 2.73
平均值	89.70	7.04	10.24	68.26	34.75	3.45

（续表）

项目	P/%	K/%	C/N	纤维素/%	半纤维素/%	木质素/%
叶菜类	0.35～0.82	0.80～6.08	8.27～22.35	11.00～32.10	14.90～23.70	4.10～15.70
瓜果类	0.41～0.66	1.76～4.19	6.70～12.23	—	—	—
茄果类	0.56～3.25	0.49～2.81	11.84～16.90	30.00～35.60	4.86～8.35	1.29～1.83
平均值	0.84	2.46	11.04	28.50	9.75	10.98

37. 蔬菜废弃物资源化利用的难点有哪些?

尽管蔬菜废弃物资源潜力巨大，是可以循环利用的资源，但高效处理利用一直是个难题，可以说，蔬菜废弃物是秸秆废弃物中最难处理的一类。一是蔬菜废弃物含水量高，燃烧值太低，作为燃料应用性价比太低，而且保存周期短、不易运输、容易腐烂；二是蔬菜废弃物残留的病虫害较多，茄果类废弃物木质化程度高，不能像大田作物秸秆那样可通过机械实现直接还田，尤其是夏天，腐烂的蔬菜废弃物更易为病害微生物的繁殖与传播提供条件，所含的矿物质元素也会经地表径流冲刷和渗漏等途径进入地表水和地下水，造成农业面源污染；三是蔬菜废弃物中往往夹杂了大量的塑料绳、残留地膜、石块等杂物，相互缠绕，分拣难度极大，很多企业望而却步。

蔬菜废弃物中混杂其他垃圾

38. 国外蔬菜废弃物如何处理？

国外对蔬菜废弃物的利用始于 20 世纪 20 年代，主要为好氧堆肥、厌氧消化以及好氧—厌氧联合处理等。近年，发达国家对蔬菜废弃物的处理及利用已日趋成熟，大体处理方式为还田循环利用、离田产业化利用，其中离田产业化利用主要为新能源利用，如发电、制取乙醇等。

废弃资源发电

39. 目前我国蔬菜废弃物的处理方式主要有哪些？

主要方式有：收集填埋、直接还田、简单沤肥、沼气制取、好氧堆肥、饲料加工等。其中收集填埋仍是最主要的处理方式之一，该方法操作简单，省时省工，但填埋仅表观解决了地面蔬菜废弃物造成的环境污染，随着时间的推移会造成地下水污染、土壤污染和空气污染等二次污染，也浪费了大量有机质，不属于资源化利用的方法。

40. 什么是蔬菜废弃物直接还田技术？

蔬菜废弃物直接还田技术，主要是指在作物收获同时对植物性废弃物进行粉碎，并铺撒在田地中，随后添加发酵菌剂，经翻埋后腐烂，从而达到增加土壤有机质的目的。这种方法操作简便，相关机械设备也十分完善。然而，越来越多的研究表明，直接还田易导致土壤氧化还原电位过高，土壤微生物（即腐熟转化的微生物）与作物幼苗争夺养分，出现黄苗、死苗、减产等现象；同时，

蔬菜废弃物粉碎还田

废弃物中的虫卵、带菌体等一些病虫害，在还田过程中无法全部杀死，易导致病虫害传播。

41. 什么是蔬菜废弃物堆沤还田技术？

蔬菜废弃物堆沤还田是在淹水条件下微生物嫌气降解有机物料生产液体肥料的过程，沤肥制作简便，选址要求不严，田边地头、房前屋后均可沤制。可就地开挖沤肥池，一般挖长约2m、宽1.5～2.0m、深0.5～1.0m的土坑（土坑的大小也可根据自己的实际需求而定，如果是建设永久性的，可用水泥粉刷）。将蔬菜废弃物和土按3:1的比例分层填入池内。具体做法是：先在池底垫入30cm的熟化土，填入蔬菜废弃物50cm，摊平，撒入适量碳酸氢铵（每池用量5kg），加10cm土均匀覆盖，再填入蔬菜废弃物及残菜50cm，上面均匀盖土，直至堆满为止，然后踏实，尤其要踏实边缘。同时为了加快发酵速度，达到完全分解，每填入1层，就用生物菌肥稀释液均匀喷洒，最后在表面多喷些，然后用塑料膜包严发酵。经过45～75天的高温堆闷腐熟后，颜色呈黑色或黑褐色，挖出，晒干耙细，便成

蔬菜废弃物堆沤

为很好的有机肥，即可作为基肥施入田地。但沤肥肥水流失、渗漏严重，在雨季更是如此，对水体和周边环境造成污染。沤肥处理比较理想化的情况是跟沼气发酵进行联合处置，把蔬菜废弃物扔到沼气池，沼气作为能源利用，沼渣、沼液可以还田。

42. 什么是蔬菜废弃物沼气化利用技术？

蔬菜废弃物含水量高，总固体含量在 10% 左右，一般符合厌氧消化处理，其化学需氧量与氮素之比（COD∶N）为 100∶4，在产甲烷微生物要求的（100∶4）～（128∶4），蔬菜副产物中富含营养物质，无须添加氮源及营养物质即可厌氧发酵，厌氧发酵后不仅能产生沼气，产生的沼渣和沼液还可作为植物的

蔬菜废弃物沼气化利用

肥料。研究表明，沼渣作为肥料，不仅能明显提高作物的抗逆性，抑制土传病害的发展，明显改善土壤理化性状，还可作为饲料添加剂。但是，并不是所有的蔬菜废弃物都适合进行厌氧发酵制取沼气。叶菜类蔬菜废弃物中纤维素含量较低，厌氧消化时水解速率过快导致挥发酸积累、pH 值降低，造成产甲烷菌的失活，抑制甚至破坏产甲烷阶段的进程；而蔬菜茎秆木质素、纤维素含量较高，其本身特有的高聚合状态会抵抗微生物分解、降低厌氧发酵的水解速率。

43. 什么是蔬菜废弃物好氧堆肥技术？

蔬菜废弃物好氧堆肥技术，是在好氧条件下利用微生物降解有机废弃物，生产生物肥料，通过废弃物处理设备将设施农业生产过程中产生的废藤蔓及烂叶、烂果等蔬菜废弃物利用粉碎机切碎，与畜禽粪便、干秸秆混合后，控制含水率在 55%～65%，再添加 1‰ 的发酵菌剂，经过混合设备搅拌后发酵，加工成有机肥。目前已有很多研究表明，蔬菜废弃物堆肥产物与化肥相比，具有营养全面、增产迅速等特点，对作物生长和农产品品质的改善有促进作用，并且还能增加土

壤有机质含量以及活性，改善土壤理化性状，对消除土壤有害物质的残留以及抑制土壤病原菌的滋生有重要作用。由于这种处理方式具有的种种优点，已逐渐被我国政府采用，目前市场上已有该种类的有机肥料出售，市场潜力巨大。

蔬菜废弃物好氧堆肥

44. 什么是蔬菜废弃物饲料化利用？

蔬菜废弃物用作畜禽饲料在我国有着久远的历史。在我国畜牧业发展早期，农村家庭的蔬菜废弃物经常会直接投喂猪、羊、鸡等动物，这在当时对我国畜牧业的发展起着重要作用。但是蔬菜废弃物中的木质素与糖结合在一起，增加了动物瘤胃中的微生物和酶对其分解难度，且蔬菜废弃物蛋白质含量低，一些必需的营养元素缺乏，直接饲喂不能被动物高效吸收利用，另外，携带病虫害的废弃物直接饲养畜禽，可能会危害动物健康。随着科学技术的蓬勃发展，研究人员利用生物或物理技术对蔬菜废弃物进行处理，将蔬菜废弃物中的糖、蛋白质、半纤

蔬菜废弃物饲料化利用

维素、纤维素等物质转变为饲料，在一定程度上提升了饲料的养分、降低了动物饲养成本。目前，主要的饲料化方式有青贮和加工饲料蛋白、饲料粉等。饲料化利用是蔬菜废弃物处理的一种有效新途径，但是饲料化工艺要求较高，受限因素较多，需因地制宜发展。

45. 蔬菜废弃物还有哪些其他利用技术？

蔬菜废弃物经生物处理分解，再脱水、发酵、精磨，可制成营养土或育苗基质应用，研究发现该基质对番茄生长和产量均有明显促进作用，其中蔬菜废弃物：玉米秸秆：牛粪：发酵菌剂为 $100：4：2：0.5$ 的基质配方最优。

蔬菜废弃物加工木炭

另有研究发现，茄子秸秆和辣椒秸秆的热值是蔬菜废弃物中最高的，适合碳化加工成木炭。在寿光，利用两种蔬菜废弃物经粉碎烘干、高温碳化、压缩成型等流程，制成木炭，每小时能消化秸秆 7t，每 7t 秸秆能产出 1t 木炭，有效实现了废弃物的循环利用。

46. 蔬菜废弃物不同资源化利用方式各有什么优缺点？

蔬菜废弃物资源化潜力较高，各资源化处理方式各有优缺点（表 2），直接还田或简易沤制还田明显增加下茬作物病虫害的发生，甚至造成作物大面积死亡现象，影响正常生产。制取饲料蛋白发酵时间虽短，但是要求无菌操作，对于蔬菜废弃物的持续性、稳定性和可靠性要求较高，而且部分废弃物已经高度腐烂，不适宜大面积推广生产；沼气化利用时厌氧发酵时间较长，周期处理量小，发酵条件要求苛刻，并且厌氧发酵技术处理对发酵设备要求较高，设施规模限制严重，废水废渣二次处理还会增加额外成本，处理不当还会造成二次污染；高温好氧堆肥可以使堆体保持足够的高温，能有效杀灭病原微生物，还可以生产高效有机肥料，通过作物吸收实现养分循环，并且高温好氧堆肥发酵周期短，处理设备要求较低，可根据地形气候等特点因地制宜设计。

表 2　蔬菜废弃物不同资源化利用方式优缺点

资源化利用方式	优点	缺点
直接还田	处理成本低、环境影响小、改善土壤理化性状	传播病原菌、加重连作障碍
饲料化利用	饲料制取时间短、营养成分高	饲料制取条件要求较高，对蔬菜废弃物持续性、稳定性和可靠性要求较高
简易厌氧沤肥	操作简便、处理快、生产成本低、沤肥养分高、营养全面	滋生蚊蝇，产生恶臭、氮损失严重，病原微生物去除率低，降解不完全时存在生物毒性
沼气化利用	可以制取甲烷，沼液和沼肥具有高肥效和抗逆性	处理时间长，运行条件要求苛刻，处理成本高，对蔬菜废弃物持续性、稳定性和可靠性要求较高
好氧堆肥	生产周期短，堆肥品质好，处理量大，能有效杀灭致病微生物和虫卵，设备简单，堆肥场地可变性较大，堆肥营养全面	产生臭气，氮损失严重，占地面积相对较大

47. 蔬菜废弃物好氧堆肥机械化技术加工流程及条件是怎样的？

工艺流程：前处理—主发酵—后熟发酵—后加工。

主要工艺条件如下。

（1）高效的微生物菌剂：添加菌剂后将菌剂与原辅料混匀，并使堆肥的起始微生物含量达 10^6 个 /g 以上。

（2）堆高大小：自然通风时，高度 1.0～1.5m，宽 1.5～3.0m，长度任意。

（3）温度变化：完整的堆肥过程由低温、中温、高温和降温四个阶段组成。堆肥温度一般在 50～60℃，最高时可达 70～80℃。温度由低向高逐渐升高的过程，是堆肥无害化的处理过程。堆肥在高温（45～65℃）维持 10 天，病原菌、虫卵、草籽等均可被杀死。

（4）翻堆：堆肥温度上升到 60℃以上，保持 48h 后开始翻堆（但当温度超过 70℃时，须立即翻堆），翻堆时务必均匀彻底，将低层物料尽量翻入堆中上部，以便充分腐熟，视物料腐熟程度确定翻堆次数。

发酵方式：平地堆置发酵（车间生产）。将原料和发酵菌经搅拌充分混合，水分调节在 45%～55%，堆成宽约 2m、高约 1.5m 的长垛，长度可根据发酵车间长度而定。每 2～5 天可用机械或人工翻垛一次，以提供氧气、散热和使物料发酵均匀，发酵中如发现物料过干，应及时在翻堆时喷水，确保顺利发酵，如此经 7～15 天的发酵达到完全腐熟。为加快发酵速度，可在堆垛条底部铺设通风管道，以增加氧气供给。

产品标准：利用农业废弃物加工制作有机肥的技术指标应符合行业标准《有机肥料》（NY 525—2012）的要求，并已通过北京市肥料质检部门的检测（表 3、表 4）。

表 3　有机肥产品技术指标

项目	指标
有机质含量	≥45%
养分含量（N+P$_2$O$_5$+K$_2$O）	≥5.0%
水分含量	≤30%
酸碱度（pH 值）	5.5～8.5

表 4　重金属含量等有害物质控制指标

项目	指标
As	≤15mg/kg
Cd	≤3mg/kg
Pb	≤50mg/kg
Cr	≤150mg/kg
Hg	≤2mg/kg

48. 当前我国蔬菜废弃物资源化利用中普遍存在哪些问题？

（1）企业处理蔬菜废弃物成本高、困难大。由于蔬菜废弃物及废弃物综合利用成本大，利润薄，政府无补贴或者补贴较低，加上加工设备价格高，核心设备混合搅拌机价格在 40 万元左右，还要建设配套设施，一个加工点总投资少说需要近百万元。同时，市场上有机肥种类繁多，菜农难以分辨有机肥的优劣，造成销售受限，致使工厂运转困难，大部分厂家开工不足，甚至机器设备闲置，造成资源浪费。

蔬菜废弃物机械化收集

（2）蔬菜废弃物收集、储运、分拣难度大。蔬菜废弃物一般在 3—10 月集中产生，菜农一般是在蔬菜采摘完成后，将废弃物从棚室内完全清除，倾倒在田间地头、公路两旁及沟渠河汊，若交到企业必须将塑料吊绳、地膜、铁丝等分拣干净，分拣难度大、成本高，菜农一般都不愿意投入如此高的成本，如果转嫁到企业，成本无形中又增加不少，因此，这也是企业进行蔬菜废弃物利用的瓶颈问题。

49. 北京市蔬菜废弃物堆肥处理典型模式有哪些？

蔬菜废弃物收集拉运成本高、难度大，需要经过较长路程的运输才能到达处理企业，且蔬菜废弃物藤蔓缠绕现象普遍，体积大、密度小、占用空间大，增加了收集运输成本，加上蔬菜种类繁多，各种蔬菜成熟时间不同，废弃物集中产生的时间也较为分散，再次提高了收集成本。因此在处理技术明确的基础上，做好蔬菜废弃物资源化利用工作，更关键的是充分发挥市场能动作用和政府扶持作用，建立可持续化运行模式。经过多年的探索研究，北京市农业机械试验鉴定推广站根据北京市设施蔬菜产业的发展差异，分别建立了区域化集中处理、区块化分散处理两种运行模式，因地制宜地解决了蔬菜废弃物收集处理的难题。

（1）区域化集中处理模式，以社会化服务组织为桥梁，串联生产和加工两端，实现规模化区域内蔬菜废弃物的全量化收集利用。模式主要以"生产者＋社会化服务组织＋有机肥加工厂"为主要运行方式，由社会化服务组织利用专业设备，将蔬菜烂叶烂果和畜禽粪污等农业废弃物收集拉运至有机肥加工厂，加工厂负责将废弃物粉碎混合，再添加发酵菌剂，搅拌后发酵，加工成有机肥，回用于农业生产。

该模式重点针对种植园区较为分散的生产区域，一是解决了生产端蔬菜废弃物的处理问题；二是将蔬菜废弃物加工成有机肥，商品化生产产生效益，促进资源化利用的持续发展；三是有利于社会化服务组织和有机肥企业，既增加了服务组织的收入，又减少了企业收集环节的投入，保障了企业稳定的原料来源。

（2）区块化分散处理模式，通过"区块布局、集中收储、市场运作、循环利用"的方式，将整个农业生产区分为若干个面积在 3 000 ～ 5 000 亩的小区域，并选择几家具有规模化加工处理能力的种植园区，建立集中处理点，配套生物质厢式快速制肥成套设备，委托其进行本园区及覆盖周边园区的农业废弃物的分拣收集及后续的处理加工作业。

该模式重点针对规模化种植园区较为集中的生产区域，通过厢式快速处理设备的配套使用，解决了本园区及周边蔬菜废弃物的处理难题，大大减少了收集拉运距离，生产出的有机肥料还能继续回用于周边园区的农业生产，形成了小区块内的资源自循环体系。

50. 北京市蔬菜废弃物利用技术配套扶持政策有哪些？

蔬菜废弃物资源化利用是一件具有很强公益性质的工作，直接效益低、过程投入大，整个产业的发展离不开相应政策的扶持。目前，北京市各蔬菜主产区均结合自身产业发展特点，制定了相应的扶持政策，通过政府购买服务、设备购置补贴、物化扶持等形式，加快了对蔬菜废弃物资源化利用技术的推广应用（以 2019 年度为例）。

（1）顺义区政府购买服务政策。区政府根据本区所有镇当年蔬菜种植实有面积，设立专项资金进行政府购买服务，按每亩 200 元的标准给予补助。补助分为两部分：分拣运送补助，种植户将分拣好的蔬菜废弃物从田间送到堆积点，按照实有蔬菜面积直接补贴到镇政府，由镇政府落实到村，由村落实到户，每亩补贴 40 元；拉运及粉碎补助，有机肥生产企业负责将堆积点的蔬菜废弃物清理收集，并拉运至肥厂进行有机肥加工，补助费用为每亩 160 元，按照实际作业面积直接补贴给有机肥生产企业。目前，顺义全区所有蔬菜废弃物均实现了资源化利用。

（2）房山区产出物补贴政策。房山区采取"以产促用"的方式，对废弃物加工成的有机肥料进行定向补贴，每吨有机肥财政补贴 625 元，共补贴 1 万 t 有机肥，免费置换给提供废弃物的农企和农户，继续用于农业生产。按每收集 5t

废弃物可加工 1t 成品有机肥计算，每年可消纳房山区 12 个平原地区乡镇共计 5 万 t 农业废弃物（作物秸秆、蔬菜废弃物）。

（3）大兴区物化扶持政策。大兴区根据区域设施蔬菜生产较为集中的特点，着重发展区块化分散收集模式，将整个生产区域划分为若干小区块，在小区块中配备快速发酵处理设备，用以消纳区块内的蔬菜废弃物，并将产出的有机肥料回用于区块内的农业生产，从而实现小区块内的自循环。区政府通过项目资金，购置专用设备，并免费配置到各区块集中处理点，实现全区设施蔬菜废弃物的及时处理和快速应用。

51. 蔬菜废弃物资源化利用典型设备有哪些？

（1）生物质快速发酵处理设备。生物质快速发酵处理设备可以将农业生产中产生的蔬菜废弃物、动物粪便、食用菌下脚料等有机废弃物进行快速无害化处理。如台州市一鸣机械股份有限公司生产的秸秆生物质颗粒生化处理制肥一体机，碧野生态农业科技有限公司生产的制肥机等。该类型设备通过粉碎、烘干、灭菌、发酵、后熟等环节，将有机废弃物加工为有机肥。具有自动化程度高、加

生物质快速发酵处理设备

工时间短、场地要求低、生产过程环保等优点。

（2）工厂化生产成套设备。主要包括藤蔓切碎机、定量输送机、分选机、搅拌机、翻抛机、物料提升机、筛分计量装袋机等。山东省农机院针对废弃物快速好氧发酵难以连续化生产的难题，相继研发出一系列仪器设备，如秸秆原料自动定量给料机、多轴强力混合搅拌机组、连续化移位翻抛机、连续化自动出料系统等，实现了有机肥生产的全程自动智能化、工厂化。其中设计开发的具有自主知识产权的蔬菜废弃物专用大型立式多级粉碎机组和清塑除杂自动化生产线，可有效分选出蔬菜废弃物中夹杂的大量塑料绳、塑料薄膜、石块等杂物，已获多项国家专利。

大型粉碎机

筛分装袋机

第四章

林果残枝资源化利用技术

52. 林果残枝资源化利用技术主要有哪些?

北京市果树种植面积为 13 万 hm² 左右,林果生产已成为北京地区农民增收致富的主要产业,但是果园剪枝量大,果农随意在地头或场院堆放残枝容易引起病虫害和火灾,果业发展过程中果树残枝无害化处理和资源化利用问题成为制约果业健康发展的主要因素之一。目前常用的林果残枝资源化利用技术主要有地表覆盖机械化技术、制作有机肥机械化技术、作物栽培基质加工技术、粉碎加工彩色有机覆盖物机械化技术等。

53. 什么是果树残枝地表覆盖机械化技术?

目前北京地区果园管理普遍使用传统耕作技术——清耕制,即冬季深翻树盘,生长季节中耕除草的管理方式,导致果农劳动强度大,水土流失严重,土壤的水肥含量降低,果实产量和品质难以持续提高。裸露的地表土也加剧了扬尘对环境的污染,同时增加了果园劳动力、化肥等生产资料投入,直接影响到果农的收入。因此改善果园生态环境,探索新的土壤管理模式已成为北京地区果园产业优化升级亟待解决的问题。

农田通过生草或其他覆盖技术,可有效改善土壤理化性状,调节土壤水分,减少水土流失,国内外学者对于大田作物秸秆粉碎还田覆盖技术的研究比较多,技术比较成熟,已大面积推广应用。部分学者就果园残枝覆盖方式、覆盖量对果园土壤物理特性及果树生长的影响研究已有一定进展。果园生草栽培可以防止土壤侵蚀,提高土壤有机质含量,调节果园局部生态环境,提高果实产量和品质;

苹果园行间地表秸秆覆盖对土壤容重和果实产量产生显著影响；行间地膜覆盖可以提高苹果树叶片净光合速率和产量；枣树树枝覆盖能有效提高土壤结构稳定性、增加土壤孔隙度、降低土壤容重。但目前研究主要集中于生草、秸秆或地膜覆盖等覆盖方式对土壤理化特性影响方面，关于果园行间残枝粉碎地表覆盖对土壤理化性状、果品品质影响的研究还比较薄弱。地表覆盖已经成为京郊矮化密植果园的主要土壤管理模式，目前覆盖主要集中于果园行间二月兰种植。

为了探索新的果园土壤覆盖还田方式，北京市农业机械试验鉴定推广站于2016年采用田间小区试验方法，研究了残枝覆盖对土壤团粒结构、硬度、持水性、容重，养分和果品品质的影响。试验设三个处理，试验地块为桃园，种植二月兰，桃树残枝粉碎还田，清耕（不进行任何覆盖），结论如下。①残枝粉碎覆盖能有效改善土壤结构，能够显著增加土壤大团聚体含量，在一定程度降低土壤紧实度，增加了土壤中二氧化碳释放速率，同时还可以提高果品产量和果实品质，改善了果园生态系统。桃树残枝粉碎还田和种植二月兰地块有机质质量分数相比于清耕地块分别增加183.2%、119.8%；可溶性固形物增加6.1%，单果质量提高7.9%。②在果树生长期内，树枝覆盖对土壤水分保持具有显著影响。水吸力为0.3bar时，树枝覆盖处理较清耕处理的土壤持水量高10.16%；水吸力为1bar时，树枝覆盖、行间种草处理较清耕处理的土壤持水量分别高10.02%和8.51%；水吸力为7bar时，3种处理土壤持水量间差异不显著。果园残枝地表覆盖机械化技术为实现农业废弃物循环利用，发展可持续生态农业、节水农业提供技术支撑。

（1）工艺路线：果树残枝收集→粉碎→粉碎后的残枝覆盖果园行间。

（2）技术要点：残枝粉碎长度不大于3cm，覆盖高度2～3cm。覆盖完成后用植保机械进行灭菌消毒。

54. 果树残枝地表覆盖机械化技术配套设备有哪些？

主要有悬挂式和牵引式树枝粉碎机。

悬挂式树枝粉碎机体积小，重量轻，便于在果园狭窄通道内进行作业，采用三点悬挂与拖拉机进行挂接。可随着拖拉机的行走，由人工喂入果树残枝，树枝粉碎后从出料口喷出。喷出角度一般可调。

牵引式粉碎机较为常见，该类型的树枝粉碎机主要组成部分有机架、水平强制喂料系统、粉碎系统和驱动系统等。主要用于城市园林修剪的树枝进行粉碎。牵引式粉碎机覆盖大中小型设备。中型粉碎机粉碎效率高，一般适用于粉碎直径较大的枝条，最粗的可达200mm以上，更适合于在枝条堆放点相对固定作业，更能发挥设备的效率，也可用于移动式作业，但一般转弯半径

树枝粉碎机

较大，需要较大的作业空间。这种类型的粉碎机破碎直径较大的枝条时具有较高的生产效率，但噪音较大。

55. 什么是果树残枝制作有机肥机械化技术？

采用好氧堆肥技术，将残枝粉碎后和畜禽粪污、秸秆按一定比例混合后联合堆肥，在好氧条件下利用微生物降解有机废弃物，生产生物有机肥料，回用于农田生产。

工艺路线：果树枝条收集运输→粉碎→混合发酵→翻堆充氧→有机肥→筛分包装。

技术要点如下。

（1）微生物菌剂：添加菌剂后将菌剂与原辅料混匀，并使堆肥的起始微生物含量达 10^6 个 /g 以上。

（2）堆高大小：自然通风时，高度 1.00 ～ 1.50m，宽 1.50 ～ 3.00m，长度任意。

（3）温度变化：完整的堆肥过程由低温、中温、高温和降温四个阶段组成。堆肥温度一般在 50 ～ 60℃，最高时可达 70 ～ 80℃。堆肥在高温（45 ～ 65℃）维持 10 天，病原菌、虫卵等均可被杀死。

（4）翻堆：堆肥温度上升到 60℃以上，保持 48h 后开始翻堆（但当温度超过 70℃时，须立即翻堆），翻堆时务必均匀彻底，将低层物料尽量翻入堆中上部，以便充分腐熟，视物料腐熟程度确定翻堆次数。

56. 果树残枝制作有机肥机械化技术配套设备有哪些?

果树残枝制作有机肥机械化技术配套设备如表5所示。

表5 果树残枝制作有机肥机械化技术配套设备

序号	生产环节	设备名称	设备型号	设备处理能力	设备配套数量/台套	配套设施要求	备注
1	收集	装载机	龙工932	日可收集废弃物60t,年均收集10 000t	5	—	—
2	运输	专用运输车	雷沃754	日可拉运废弃物30t,年均拉运5 000t;日可拉运牛粪40m³,年均拉运4 000m³	10	每套运输车包括自卸运输斗1台,价格5万元,754型拖拉机1台,单价7万元	—
3	粉碎	秸秆专用粉碎机	京鑫BJ2016-DM-A	日可处理废弃物200t,年均处理40 000t	2	需放置在平整的水泥硬化平台上,平台面积至少为200m²	—
4	翻堆	翻倒机	天时成方HF-32	日可处理有机肥粗料500t,年均处理100 000t	1	需要翻堆场地15亩	—
5	成品包装	筛分装袋机	京鑫BJ2014-SX-A	日可加工有机肥120t,年均加工36 000t	1	需要水泥地面,面积200m²	此设备包括了自动包装机和筛选机和两条12m输送带

抓草机

果树残枝粉碎机

物料翻抛机

57. 什么是作物栽培基质加工技术?

栽培基质加工主要以粉碎后的果树残枝、蔬菜废弃物、大田秸秆为基本原料,添加适量的稻壳、生物炭,并加入生物菌剂,按一定的配比堆置而成。可替代土壤用于作物栽培,既提高了农业废弃物的资源化利用效率,又减少了环境污染。

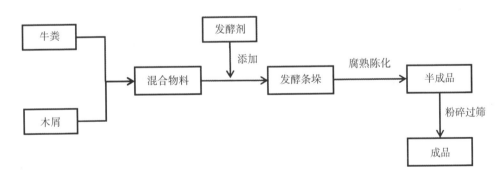

栽培基质工艺路线图

技术要点如下。

(1)混合搅拌:将牛粪和蔬菜废弃物、残枝、木屑、干秸秆等植物性秸秆废弃物按1:1重量比混合。

（2）堆条：条剁宽度为 2.8 ～ 3.0m、条剁高度为 1.2 ～ 1.4m，含水量为 60% ～ 65%。

堆料测温：每天上午、中午、下午各测温一次。

（3）翻抛：当温度升至 65℃左右并开始呈下降趋势时进行第一次翻抛，以后每 48h 翻抛一次。

（4）后熟：堆砌发酵熟化 40 ～ 50 天后，将堆料收堆转入半成品库，物料在半成品库堆放 20 ～ 30 天，使物料完全腐熟。

（5）过筛：成品包装前用筛选机进行细化处理，去除杂质。

产品标准：产品标准参照基质行标 NY/T 2118—2012。

58. 作物栽培基质加工技术配套设备有哪些？

秸秆栽培基质加工技术配套设备主要包括粉碎机、复配搅拌机（混合机）和计量打包机等。其中，粉碎机及计量打包机等是较为简易的设备，市场上常见的粉碎机、电子秤和打包机即可满足物料粉碎、称重和打包等要求。目前主要的设备为混合设备和发酵设备。

混合设备。复配材料及基质调控剂与秸秆堆肥的混合均匀度对基质产品理化性状的稳定性至关重要，对发酵效果也有重要影响。目前混合机可分为间断式混合机和连续式混合机两种。间断式混合机主要以单轴和双轴混合机为主，利用转动的桨叶进行搅拌，能够有效减少离析状况，使原料与配料充分混合。使用连续式混合机，物料按配方用量由进料口送入混合机，辅料或添加剂按配比通过辅料口进入混合机，混合轴旋转时，桨叶将物料向前方翻动并抛起、混合，然后向出口输送，可实现"边进边出"连续作业。这种混合机占地面积小，可实现连续混合作业，且容易实现无人作业，但其对原料及配料的定量输送要求较高。

发酵设备。根据物料周转形式，发酵可分为静态式发酵和动态式发酵两种。静态式发酵易使物料受到外界杂菌的感染而影响成品质，同时也存在劳动强度大、效率低、发酵不充分和肥料质量不稳定等缺陷。动态式发酵是将物料放置在有机械动力的容器内，由电器控制物料周转，自动化程度相对较高。另外，一种较有发展前景的秸秆发酵方式为发酵床原位发酵。该技术是根据微生态原理和生物发酵理论，利用微生物对畜禽粪尿原位降解，达到生态环境零污染的新型养殖模式。就是将预先接种微生物的作物秸秆、稻壳等材料作为垫料投入牲畜圈舍内，畜禽排泄物一经产生便被有机垫料吸收，并在原地发酵降解，经过一年至几年不等的圈舍原位发酵，秸秆及畜禽粪便等垫料被降解熟化，可直接用作有机肥或基质原料，部分垫料出圈后经过相对短暂的二次堆肥制成发酵床垫料堆肥再用于基质生产。

59. 什么是果树残枝粉碎加工彩色有机覆盖物机械化技术？

彩色有机覆盖物加工技术是根据木质残枝的生物学特性，选用高效的粉碎机将林果残枝破碎，经过枝叶分离回收、粗破处理、细破处理、分筛、染色、堆积腐熟、分选装袋等环节处理，加工成为一种彩色的生物覆盖材料。可以在小区、公园、道路、城市裸露地等范围中使用，不仅可有效改善土壤环境、吸附扬尘，还能根据需要搭配不同色彩，拼接多种造型，起到美化城市、打造景观的作用。

工艺路线：果树残枝→一级破碎（湿木破碎）→二级破碎（筛选）→染色→加菌堆放→包装。

60. 果树残枝粉碎加工彩色有机覆盖物机械化技术配套设备有哪些？

果树残枝加工彩色有机覆盖物技术是将园林植物在生长中自然凋落和人工修剪所产生的树枝、树干等残枝废弃物收集起来，经过破碎、筛选、杀菌、腐熟、染色等工艺，加工成为多彩的园林有机覆盖物，不但解决了残枝废弃物随意堆积、难以处理的问题，还美化了环境，装扮了城市空间，对土壤养分调节和水土保持也具有促进作用。配套设备主要包括粗破碎机、定量输送机、二次破碎细粉机、染色机、物料提升装置、筛分计量装袋机等。其中粉碎机和染色机为该技术的核心装备，其他均为较常见的生产装备。

树枝粉碎机。粗破碎可采用切刀式树

园林有机覆盖物

威猛 BC 1000XL 型粉碎机

DSC01940 型染色机

枝粉碎机，工作部件一般为鼓式或盘式切刀，对粉碎物料经过切削作用进行切碎。鼓式粉碎机相对体积较大，功率消耗较大，适合粉碎直径相对较大的树枝；盘式粉碎机一般结构紧凑，功率消耗较小，适合粉碎小直径的树枝。

锤片式树枝粉碎机可用于粗破碎或二次破碎细粉。部件为锤片式，高速转动的锤片对粉碎物料进行击打后粉碎，一般可处理直径相对较小的树枝。粉碎出料粒度，通过更换调整筛网来调整。粉碎均匀性较好，动力消耗大。

染色机是通过混合搅拌，将二次破碎后的树枝，与液态环保染料、菌剂等均匀混合的装置。进料口可直接承接从二次破碎工序喷出的树枝碎片。经混合搅拌腔搅拌后，传送出料，经静置固色干燥后，可进行铺装。

第五章

地膜资源化利用技术

61. 我国从什么时候开始使用地膜？

地膜是继种子、农药、化肥之后的第四大农业生产资料。20世纪80年代开始，覆膜栽培技术由试验、示范到大面积推广并迅速发展，我国成为世界上实施"农业白色工程"的最大国。随着塑料工业的发展，地膜覆盖技术的引进极大地促进了农业产量和效益的提高，地膜应用技术"装满了米袋子、丰富了菜篮子"，在北方干旱、半干旱地区和西南山区，有效解决了春季低温和积温不足的生产难题，新疆、甘肃和宁夏等地区地膜覆盖面积逐年递增，地膜覆盖栽培技术已经成为抗旱节水增粮的主推技术。随着覆膜栽培技术的推广运用，我国地膜使用总量也在不断增加，带动了中国农业生产方式的改变和农业生产力的快速发展，并成为我国农业生产栽培的重要技术之一。地膜覆盖技术由于具有显著的集雨、蓄水、增温、保墒等作用而被大面积推广应用，为我国农业发展、粮食增产、农业增效、农民增收作出了重要贡献。

种植作物覆盖地膜

62. 长期使用地膜的危害有哪些?

地膜是由高分子聚乙烯化合物及其树脂制成的,具有不易腐烂、难分解的特点,这种性能特点对农业生产及环境都有较大的副作用,不但影响土壤特性,降低土壤肥力,严重的还会造成土壤中水分、养分运移不畅,在局部地区引起次生盐碱化;地膜同时对农作物生长也有危害性,寄留在土壤中的地膜影响和破坏了农田土壤的理化性状,形成的不均匀阻隔带(层),影响肥效和作物长势,致使产量下降。据黑龙江省农垦局的测定资料表明,连续 3～5 年地膜覆盖的土壤,种植小麦产量下降 2%～3%,种植玉米产量下降 10% 左右,种植棉花产量则下降 10%～23%。当土壤中地膜含量达到 58.5kg/km² 时,可使玉米减产 11%～23%、小麦减产 9%～16%、大豆减产 5.5%～9.0%、蔬菜减产

长期使用地膜导致作物减产

地膜残留

14.6%～59.2%。此外，由于地膜与秸秆、青草混杂在一起，特别是秋收时地面露头的地膜很容易与秸秆、牧草收在一起，致使牛羊误食地膜后，阻隔食道、影响消化，甚至死亡。地膜还会对农机具作业产生影响。播种时，地膜容易缠绕开沟器导致播种质量下降，如种子播在地膜上，则影响发芽生长。

63. 国内外地膜应用现状及处理技术有哪些？

欧美和日本虽然比我国较早使用地膜覆盖技术，但不存在地膜污染问题。西方工业发达国家早在 20 世纪 50、60 年代就重视废旧塑料的回收利用，其中欧盟、日本、美国在废旧塑料回收利用方面均有较为成功和显著的实例。美国一直是塑料生产的第一大国，其废旧塑料回收率由 20 世纪 80 年代末的 9% 上升到现在的 35% 以上，随着对废弃塑料回收加工技术、设备的深入研究和涉及废旧塑料回收利用配套保障措施和法规的出台，美国在该领域的发展突飞猛进。日本是塑料生产的第二大国，在废旧塑料回收利用方面一直持积极态度。欧洲回收利用废旧塑料工作做得最好的是意大利，20 世纪 90 年代末废弃塑料回收率就达到了 20% 以上，且研制出从城市固体垃圾中分离出废旧塑料的机械系统，分拣手段相当先进。

为保持环境健康可持续发展，国外在大面积进行作物的铺膜种植时，也研制了相应的地膜回收机具，保证整个农田机械化程度，而科学制定农用塑料地膜的生产标准，保证地膜使用过程中不发生破裂以致残留在土壤中，是从源头减少"白色污染"的重要手段之一。一是日本、美国和欧洲各国开展了农用地膜性能参数和使用方式对农田残留的影响研究，颁布了农用地膜厚度、拉伸强度及抗风化强度等强制性生产标准，从源头上确保农用地膜的可回收性；二是通过立法与政策扶持等手段加强农用地膜的回收再利用；三是美国、日本以及欧洲各国均颁布了农用塑料地膜的相关生产标准，对地膜厚度等指标做出了

国外厚农用地膜

严格标准要求。国外农用地膜厚度多为 0.02 ～ 0.25mm，具有抗拉性好、田间使用后不易老化等优点。

64. 地膜回收的时间和机具是什么?

地膜回收可分为播前地膜回收、苗期地膜回收、秋后地膜回收和常规机具改装回收地膜等。

（1）播前地膜回收。播种前收膜一般是在土地耕翻和平整后进行，此时地膜主要以碎片状形式分布在耕层，回收难度大，地膜回收率有限。播种前收膜可有效提高出苗率，目前在生产中广泛应用，运用的机具主要是密排弹齿式搂膜机、平地搂膜联合作业机和加装搂膜耙、扎膜辊的整地机，都采用搂或扎的方式回收，作业深度 5cm 以内，地膜回收率 50%，一般需要人工卸膜，存在作业效率较低、劳动强度大等问题。

播前地膜回收

（2）苗期地膜回收。苗期收膜一般是在作物浇头水前进行，此时地膜使用时间较短，完整性较好，相对容易回收。此类机具采用起膜后再卷膜的工作方法，结构简单，工作可靠，地膜收净率一般在 85% 以上。代表机型主要有 MSM-3 型卷膜式棉花苗期地膜回收机和 CSM 型齿链式悬挂收膜机。由于苗期收膜会导致作物灌水量增加，与中国北方旱作区农业生产不相适应，已很少应用。

（3）秋后地膜回收。秋后收膜是在作物收获后、耕地前进行，由于地膜在农田中经历了一个作物生长季，地膜存在不同程度的破损，以及地膜与土壤紧密粘连等，加之农作物秸秆尚存于农田中，回收难度较大。但优势是此时回收不会影响农作物，因此，秋后地膜回收机也是研究的一个热点，秋后地膜回收机械的代表机型有1SM-1I型地膜回收机、4JSM-1800型棉秆还田及地膜回收联合作业机和4MBQX-1.5（3.0）型棉花拔秆清膜旋耕机。

秋后地膜回收

（4）常规机具改装的回收地膜机械。利用常规农机具改装的回收地膜机械结构简单，成本低，可减少农民购买和维修机具的费用。虽然有时需要辅以人工捡拾，但地膜回收质量和效率远高于单纯的人工捡拾。目前利用常规农机具回收地膜的方法有五铧犁去掉犁壁浅耕回收地膜、中耕机加装杆齿搂地回收地膜、圈盘耙地回收地膜和中耕机上加装座位人工揭膜等。

65. 秋收地膜回收机作业体系有哪些？

近几年，中国针对特定作物和种植方式，研发了链条导轨式、铲链式、铲筛式、齿链式与铲掘筛分式等多种地膜回收机，形成了比较合理的技术方案，开发出大量系统的作业体系。

（1）秸秆粉碎之前立秆搂膜集条作业体系，首先用秸秆还田机在垂直于作物种植行方向构建一条30～50m宽的卸膜道，然后用立秆搂膜机将地膜搂集到卸膜通道，最后用铲车等将地膜清理出田间。

（2）作物秸秆（茬）起拔与搂膜集条分段作业体系，先采用特定的拔秆起膜机刀辊入土将秆（茬）拔起铺放在地表并完成膜土分离，然后用指盘式搂草机进行集条，最后采用人工分拣地膜与秸秆。

（3）秸秆粉碎还田与搂膜集条联合作业体系，将秸秆粉碎还田机与搂膜工作部件进行有效集成，秸秆粉碎机将秸秆粉碎后抛撒到机具正后方，紧接着搂膜部件进行搂膜作业。

人工捡膜

（4）秸秆粉碎还田与地膜捡拾装箱联合作业，采用卧式秸秆粉碎还田机将秸秆粉碎后抛撒到机具后方，然后运用捡拾部件捡膜、脱膜并将地膜输送到集膜箱，在地头进行卸膜。

（5）根茬翻埋与地膜捡拾装箱联合作业，先采用旋耕机将作物根茬翻埋入土并将地膜打碎成片状，然后运用链齿式捡拾部件捡膜，并在气力作用下脱膜入箱。

66. 人工与机械回收地膜的优缺点对比？

地膜对于人类生存的不利影响正在日渐突出，对农作物的影响亦非常严重，整治白色污染已经迫在眉睫。地膜回收有两种办法，即机械回收与人工拾取。人工拾取的劳动强度高，回收效率低下，并仅可以处理地表地膜回收，往年耕翻到耕作层里的地膜就不能拾取。实际表明，对大范围的覆膜面积，只依靠人工回收，工作是无法进行的。机械回收能避开人工拾取的劣势，成为地膜回收很好的办法。地膜回收机具的研究始于 20 世纪 80 年代末，已开发研制的机具达百余种，主要类型包括弹齿式、卷膜辊式、伸缩杆齿式、链耙式、铲筛式、夹指链式等。按照农艺要求和作业时间可以分为苗期地膜回收机、秋后地膜回收机和播种前地膜回收机。

机械捡膜

67. 地膜回收机主要有哪些类型？

（1）地膜卷收机。地膜卷收机作业时由拖拉机牵引，通过卷膜传送装置将地膜拉起，同时卷收机构由液压马达控制，使地膜缠绕速度与回收机前进速度相匹配，改善机具工作的连续性和稳定性，适用于膜面清理后或苗期地膜卷收。

（2）弹齿式地膜回收机。弹齿式地膜回收机具有结构简单、造价低廉、作业幅宽大、效率高等特点。但工作时，弹齿只能收集田间地表或浅层地膜，且在工作过程中地膜与田间杂草或秸秆等杂物易缠绕混合，分离较难，地膜回收后再加工难度较大。作业效率可达 1.3hm²/h 以上，地膜回收率大于 90%。

1MT-1600 型地膜捡拾机

（3）滚筒式地膜回收机。滚筒式地膜回收机工作时滚筒在膜面上自由滚动，地膜与滚筒之间无相对运动，因此壅膜、壅土或拉断地膜现象较少，弹齿的扎膜功能可解决非标地膜在回收时易碎而难以回收的技术难题。适用于平整农田地膜回收作业。机具作业效率 0.25 ~ 0.6hm²/h，捡拾率≥85%，缠膜率≤2.5%。捡拾深度≥5cm，此类机型结构复杂，制造成本高，分离效果差。

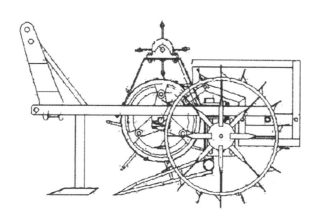

1MFJG-125A 型地膜捡拾机示意图

（4）齿式地膜回收机。具有简单结构完成复杂地膜回收作业的优点，机具作业时牵引阻力与机构运动阻力小。齿链式地膜回收机拾膜齿安装在输送链上，拾膜齿入土角度、运动轨迹行程和输送链布置（前置、后置或纵置）等设计灵活性高。对碎膜回收效果不理想，对地膜的完整性、地膜强度等要求较高。适用于苗期与秋后地膜回收。机具作业效率为 $0.20 \sim 0.33 \, hm^2/h$，捡拾率在 85% 以上，工作性能可靠，收净率高。

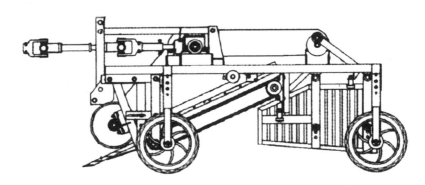

1FMJ-850 型地膜捡拾机示意图

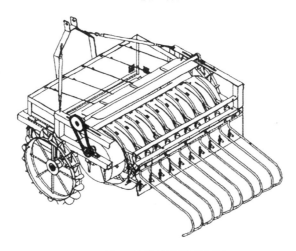

1FMJ-1400 型地膜捡拾机示意图

（5）铲筛式地膜回收机。兼具作物收获及收后地膜回收的铲筛式多功能复式机，适应了目前我国农业机械产品向多用途多功能方向发展的趋势。可一次性完成起膜、膜土分离、集膜、自动卸膜等作业工序，对于种植花生、棉花、马铃薯等作物的沙土或沙壤土中的残留地膜回收具有良好的推广应用前景。作业效率可

达 $0.4hm^2/h$，地膜回收率≥ 85%。

1MCDS-100A 型铲筛式地膜回收机

68. 地膜回收机作业前期准备注意事项有哪些？

农时作业前要对地膜回收机进行全面检查与修理，保证地膜回收机以良好工作状态投入机械化回收农田地膜作业中。主要包括固定部件连接处是否松动、机架和弹齿（或伸缩杆齿、滚筒、网链机构等装置）有无发生变形及卸膜机构转动是否灵活等方面检查，若固定部件连接处松动应进行紧固，机架和弹齿（或伸缩杆齿、滚筒、网链机构等装置）发生变形应进行修复，卸膜机构转动不灵活应进行调试。

（1）检查固定部件连接。机具作业前要检查弹齿、机架和卸膜机构的固定螺栓、螺母有无松动，如有松动进行紧固，防止掉落丢失。

（2）检查机架装置。机具作业前要检查机架和弹齿（或伸缩杆齿、滚筒、网链机构等装置）有无发生变形或断裂（裂痕、裂纹和裂缝），如有应进行修复或零部件更换工作。

（3）与拖拉机挂接和调试。机具悬挂时选择配套马力拖拉机，通过三点悬挂机构进行挂接，挂接完成后通过液压升降操作控制机具起落，便于调节机具；调节侧拉杆使机具左右与地面平行（只调节一侧拉杆）；调节中央拉杆，使机具前后与地面水平；最后根据拖拉机液压升降系统类型调节控制机具耕作深度。

（4）田间调试作业。田间作业前，先进行试作业，看作业深度和作业后地表平整度是否达到机械化地膜回收技术标准，若没有达到要求可通过上述与拖拉机挂接和调试的方法进行，使之达到作业要求方可进行田间作业。

69. 地膜回收机操作规范有哪些?

(1)调整作业速度。根据使用说明书和农田实际情况选择适宜的作业速度。农田地膜捡拾机组一般作业速度为 4～6km/h,作业时要根据不同型号配套拖拉机(约翰迪尔、东方红、雷沃、黄海金马和常发等)的挡位速度和农田土壤性状选择适宜作业速度。

(2)正确操作液压悬挂系统。拖拉机液压悬挂系统分为分置式液压系统、半分置式液压系统和整体式液压系统 3 种型式。

分置式液压系统操作装置的正确使用:提升时,将手柄扳至提升位置后应随即放手,在农具达到最高提升位置时,手柄自动跳回中立位置。农具下降或农具实行高度调节耕作时,应将手柄扳至浮动位置,分配阀在浮动位置时,不会自动跳回中立位置。

半分置式液压系统操作装置的正确使用:当使用力调节耕作时,应先将位调节手柄置于提升位置,农具提升高度由位调节手柄提升位置确定,仅使用力调节手柄升降农具。经过试机选择合适的耕作深度后,用定位手轮固定力调节手柄,保证手柄每次推移到相同位置,机具耕作深度一致。当使用位调节耕作时,应先将力调节手柄置于最高提升位置,仅使用位调节手柄升降农具,农具下降位置和提升位置选定后,分别使用定位手轮给位调节手柄定位。

整体式液压系统操作装置的正确使用:农具升降时,将扇形板上外手柄固定在浅—深区域,里手柄扳至扇形板"快"字位置,农具下降较快。如扳至"慢"字位置时,农具下降较慢。将里手柄放在扇形板升—降区域不同位置时,农具相应地保持在不同的离地高度上。用力调节耕作时,里手柄在快—慢区段内选择好适合的下降速度,外手柄在浅—深区段内选择所需的耕深。在地头起、落时,只用里手柄升降,外手柄一般不再作变动。用位调节工作时,里手柄在升—降区段内操作,外手柄应放在扇形板下方深的位置。

(3)农业机组运行方法。即机组田间作业的运行路线,一般有直行法、绕行法和斜行法 3 种基本运行方法。根据地膜回收机组和地块大小选择适合的机组运行方法,同时在基本运行方法的基础上也可演变出多样的运行方法。如地块形状类似长方形时,选择直行法,机组进行往返作业时可选择行程相邻的梭行法和不相邻的开垄法;如地块类似方形、圆形等不规整地块时,选择绕行法,作业行程沿地块周边运行,转弯行程空行,机组作业可选择行程由外圈走向内圈的向心法或内圈走向外圈的离心法；如地块类似斜三角形时，选择斜行法，作业行程沿地块对角线进行往返作业，转弯时空行程。

70. 国外地膜清杂技术与装备有哪些？

国内外在研究地膜回收作业中进行膜杂分离已取得一定的成效，主要利用风选分离法和振动筛选法进行地膜与杂质的分离。

（1）风选分离法。风选分离法（离心式分离法）是地膜混合物最早的分离方法之一。它主要根据不同物料间密度差异较大的原理进行地膜混合物分离。在地膜回收作业中或地膜回收集中后都可利用高速旋转产生离心风力将地膜与杂质分离。

（2）振动筛选法。振动筛选法是利用振动筛连续振动时，物料在其工作面上的不同运动进行物料间的分离。振动筛工作时，能将地膜、土壤、秸秆等分离，并将地膜输送至集膜箱，该方法在地膜回收作业中得到了广泛的运用。

（3）浮力漂选法。浮力漂选法主要针对地膜回收集中后进行膜杂清理，利用地膜、土壤、作物秸秆等混合物料的不同密度，在水等溶液中存在较大差异的原理进行膜杂分离，同时对地膜进行了清洗。

71. 我国地膜清杂技术与装备有哪些？

（1）风力废旧地膜清洁装置。该装置主要由机架、膜杂分离机构和地膜清理机构等组成，膜杂分离机构包括圆辊、拨杆轮、风力供给构件和输送构件。工作时，风力供给构件向拨杆轮吹风，输送构件将回收后的膜杂混合物输送至圆辊处，圆辊内设计偏心结构的拨杆轮，在风力作用下拨杆轮中的拨杆钩挂地膜，随着圆辊的转动将钩挂住的地膜转至接料管内，因杂物不能钩挂在拨杆上而实现膜杂分离。

（2）击打式农田地膜清杂装置。主要是由打散装置、除杂装置、脱膜装置等组成，其工作原理是：地膜由加膜管道进入清杂装

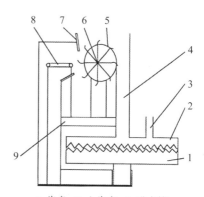

1. 齿盘；2. 上齿盘；3. 进水管；
4. 接料管；5. 圆辊；6. 拨杆轮；
7. 风力供给构件；8. 输送构件；9. 机架。

风力废旧地膜清洁装置

置后，在打散装置中刺钉的连续击打下，将膜杂混合物打散，使其呈蓬松状态，随后膜杂混合物被均匀地撒落到除杂装置上，在转动的过程中，膜杂混合物在锯齿作用下随除杂滚筒旋转进入格条栅区，在冲击作用下大量的杂物被排出清杂装置，地膜与脱膜装置接触，在高速转动的脱膜装置强制脱下并经搅轮运送至出膜口，由出膜风机吹入集膜箱。

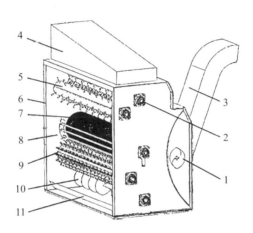

1. 出膜风机；2. 动力系统；3. 出膜管道；4. 加膜管道；5. 打散装置；6. 机架；7. 除杂装置；8. 格条栅；9. 脱膜装置；10. 搅轮；11. 弧形挡板。

击打式农田地膜清杂装置

（3）多级膜土分离装置。针对铲筛式地膜回收机膜土分离困难设计了多级膜土分离装置，并进行了结构优化与田间试验，试验表明优化后的铲筛式地膜回收机能显著改善膜土分离效果，膜土比平均值为 0.5，较优化前提高 2.5 倍。

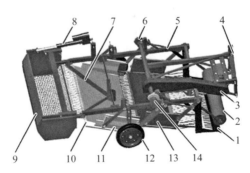

1. 挖掘铲；2. 碎土辊；3. 传动装置；4. 牵引架；5. 偏心块；6. 连杆；7. 导土装置；8. 卸料装置；9. 集膜筐；10. 球头螺栓；11. 后筛；12. 限深装置；13. 前筛；14. 驱振装置。

1MCDS-100B 型地膜回收机

（4）提升器式膜杂分离装置。提升器式膜杂分离装置工作时，破碎后的膜杂混合物从进料口投入，在螺旋桨旋转和向下推进力作用下，地膜绕着漩涡向下运动，同时通过箱体下方所设的自吸排污泵将下沉的地膜输送至集膜箱中，漂浮在水平面上的棉秆被旋转的螺旋提升器提升至棉秆出料口送出，从而将棉秆和地膜分离开。该装置利用地膜混合物在水中的不同姿态，辅以一定的动力方式，实现膜杂在水中的分离。

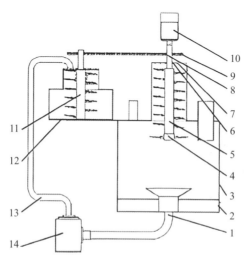

1. 自吸排污泵进口管道；2. 胶塞；3. 箱体；4. 螺旋桨；5. 提升器；6. 轴承；7. 保持架；8. 链条；9. 链轮；
10. 电机；11. 膜箱螺旋提升器；12. 集膜箱；13. 自吸排污泵出口管道；14. 自吸排污泵。

提升器式膜杂分离装置

72. 回收后的地膜有哪些用处？

回收地膜再利用已经形成了各具特色的利用形式，主要包括：造粒技术，再生产品技术，景观材料技术，路面铺设材料技术等。

（1）造粒技术。将回收的废旧地膜进行粉碎、清洗后，通过晾晒、粉碎、漂洗、甩干、挤出生产再生塑料颗粒，利用再生颗粒进行深加工，因其依旧保持着塑料原料的化学特性和良好的综合材料性能，可满足吹膜、拉丝、拉管、注塑、挤出型材等技术要求，用于加工各种膜、管等制品。这是中国目前最普遍的技术，废旧地膜再生加工站通过引进破碎效率高、清洗及干燥能力强、再生颗粒质量高的塑料薄膜清洗脱水干燥后再造粒的生产设备，有效实现资源循环再利用。

废旧地膜造粒技术

废旧地膜应用城市绿化

城市景观椅

（2）再生产品技术。将回收的废旧地膜直接粉碎，混合一定比例的矿渣加工生产下水井圈、井盖、城市绿化用树篦子等再生产品。

（3）景观材料技术。对回收的废旧农膜无须进行洗净等处理，节省水资源，用干洗、减容等专利技术设备，制造木塑板。木塑板是以锯末、木屑等初级生物质材料为主要原料，利用高分子界面化学原理和塑料填充改性的特点，配混一定比例的塑料基料，经特殊工艺处理后加工成型。木塑板可塑性大，用途广，形态结构多样，耐腐蚀、耐虫蛀、坚硬、耐磨，使用寿命长，不会因为太阳暴晒而开裂变形、维修成本低，应用于室外景观（休闲椅、垃圾箱）、包装材料（包装箱、托盘）等。

（4）路面铺设材料技术。20世纪80年代初，一些发达国家开始研究利用废弃塑料作为道路的建筑材料，如英国的 MacRebur 公司用于打造塑料道路的 MR6 新材料，是用 100% 可回收废旧塑料材料制成的。MR6 是一种更环保的替代品，比标准沥青强度高 60%，使用寿命增加 10 倍。塑料道路使用 MR6 代替道路中的沥青，较传统道路而言，强度更高，寿命更长，更加耐磨耐破裂，也更便宜。

（5）用于燃料提取。将回收来的地膜风选、清洗、破碎、打包或造粒，然后通过高温催化裂解等技术处理，从中获取汽油、柴油等可用燃料，该技术仅在石油价格高位的环境下具有一定的经济效益和环境效益。

73. 农田地膜再生造粒技术与装备有哪些？

再生造粒技术具有效率高、工艺简便等优点，逐渐成为农田地膜和塑料再利用的有效方法。目前，传统农田地膜再生造粒包括湿法造粒技术和干法造粒技术两种方法。

（1）湿法造粒技术。工艺流程：农田地膜收集→破碎→清洗→脱水→熔融造粒。湿法造粒技术是目前世界上普遍接受的再生造粒技术。为提高回收废旧地膜的纯度，保证再生制品的质量，废旧地膜在进行湿法造粒时会进行破碎及清洗处理，从而消除废旧地膜附带的油污泥沙等因素的影响，最终获得高纯度塑料制品的原材料。该工序简单，制造产品质量好，但是清洗过程中所需成本较高，同时运用该技术会形成大量污水，若对污水处理不当会影响周围环境。

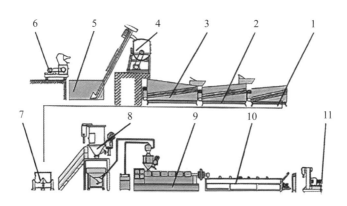

1. 第三道清洗；2. 第二道清洗；3. 第一道清洗；4. 搅拌机；5. 初洗池；6. 破碎机；7. 离心脱水机；
8. 烘干机；9. 挤出机；10. 水槽；11. 切粒机。

湿法造粒工艺流程图

（2）干法造粒技术。工艺流程：农田地膜收集→破碎→分离除杂→熔融造粒。与湿法造粒技术不同，干法造粒技术主要以提高杂质分离为目的，从而提高后续加工质量，主要方式以分离技术替代湿法造粒技术的清洗和脱水两个步骤，以便更好去除农田地膜表面的泥沙等杂质。

（3）再生塑料造粒技术。该工艺加入了有机溶剂，能促进塑料快速软化，同时能保护塑料内部结构不受破坏，保证了再生塑料的品质。陈庆等提出了一种复合再生塑料制备方法，该工艺借助无机粉体具有透明性、流动性、耐热性等特点，将无机粉体与废旧塑料复合，还原了再生塑料具有良好的透明性、耐热性以及加工稳定性。周献华提出了热风循环加热熔融造粒的一种全新工艺技术，该工艺采用热风循环加热废旧塑料，省去了传统的粉碎、清洗、烘干等过程，节省投资成本，且能避免二次污染，具有广阔的运用前景。陈丹等在前期研究基础上完成了试验研究与改进设计，验证了热风熔融造粒工艺的可行性。

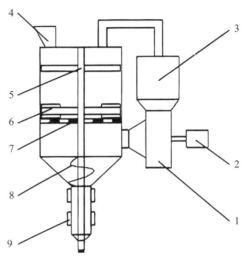

1.离心风机；2.电机；3.加热管；4.料斗；5.搅拌轴；6.搅拌片；7.筛网；8.加料螺旋；9.加热片。

立式热风循环造粒机结构简图

（4）熔融造粒技术。针对立式热风循环造粒机所存在的问题，在立式热风循环造粒机的研究基础上，把立式改成卧式，解决了立式切粒困难和搅拌轴与螺杆同轴问题。与无熔造粒相比，熔融造粒技术更为成熟，应用也更加广泛。此外，熔融造粒技术加工废旧地膜、塑料的方法简单，所需成本较低。但在加工过程中产生的塑料屑和污水会对工作人员的身体甚至生态环境造成危害。为提高传统工艺中软化造粒和复合再生造粒技术，有关部门研发出添加有机溶剂为辅助溶剂的新型造粒技术，虽然该技术在原有技术基础上得到改进，但是仍难以避免破碎和清洗的环节。与其他造粒技术相比，热风熔融造粒技术可以以热风为辅助对废旧地膜、塑料进行熔融处理，通过避免破碎处理进而节约生产成本，从而改善工作环境。虽然该技术避免了二次污染，但是与该技术相配套的再生造粒技术不够完善，仍需要不断研发并相互配合。

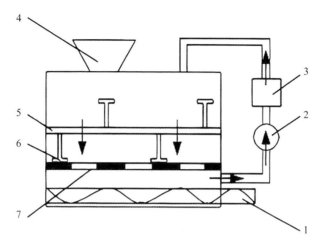

1. 螺杆；2. 离心风机；3. 加热管；4. 料斗；5. 搅拌轴；6. 搅拌片；7. 筛网。

卧式热风循环造粒机结构简图

74. 地膜机械化回收再利用技术需要注意什么?

由于中国地膜覆盖技术应用的广泛性和重要性，地膜污染治理必然也面临着巨大挑战，机械回收与再利用是关键所在。

在地膜机械化回收技术方面，一要重视构建地膜回收机械化"立体"作业技术体系，发展和丰富地膜回收机具的种类和功能，满足种植模式和收膜时间多样性的要求；二要考虑地膜与茎秆、叶片、杂草混杂及裹土问题，如果能使其分离，干净的地膜可以回收再利用，从而提高经济效益，而且可减轻机具作业的负荷，提高集膜箱的有效容积；三是要注意缠绕问题，应尽量使各工作部件表面光滑，同时应在易发生缠绕处放置刮刀和卸膜机构，以便及时刮断缠绕的地膜，将收起的地膜卸掉，送入集膜箱，这些措施都可以有效防止地膜的缠绕和返带。

在地膜再利用技术方面，一要科学制定生产标准，提高地膜质量，降低回收难度；二要注重水资源的循环再利用，考虑到回收地膜中会夹杂茎秆、土等杂物，清洗步骤必不可少，需要在废旧地膜再生加工站建设之初设计好循环水利用系统；三要积极争取地方增值税和电价补贴，受到近年来国际石油价格大幅下跌影响，废旧地膜再生产品价格大幅下降，经济上可行是关键所在。

75. 影响地膜资源化利用的因素有哪些？

我国因地域环境、种植业结构和技术水平等差异，导致农田地膜资源化利用仍存在一定问题，无法在短期内完全解决地膜污染现象。目前农田地膜资源化利用主要存在以下问题。

（1）地膜回收积极性不高。由于宣传不到位，农民群众对农田废旧地膜的危害性还没有足够的认识，农田废旧地膜采用机械化回收的自觉性和积极性不高。

（2）不同地膜回收效果不同。玉米可采用1膜2～3年免耕种植模式，使用后的废旧地膜强度低，易破碎，很难使用机械从土壤中捡拾，同时玉米作物根系发达，机械化回收更加困难。1膜1年的马铃薯、瓜类等作物，废旧地膜采用机械化回收效果相对较好。

（3）地膜回收机不能满足需求。目前使用的大多是同一型号的耙齿型地膜捡拾机，相对逐年增加的地膜覆盖面积，老旧的地膜捡拾机具很难满足废旧地膜回收需求，存在农田废旧地膜捡拾机具数量少、机具类型单一的问题。

（4）缺少地膜回收补贴政策。现阶段的地膜回收很少有补贴政策，对废旧地膜回收利用的补贴主要是以奖代补的方式补贴给加工企业，而农田废旧地膜机械化回收缺少作业补贴等优惠政策，致使许多农机专业合作社、农机大户在废旧地膜机械化回收作业中缺乏积极性。

（5）地膜加工企业数量少。农田废旧地膜回收利用企业相对较少，同时废旧地膜收购价格低，路途又远，农民捡拾交售不积极，导致地膜回收率不高；加之地膜回收企业规模小、层次低和带动能力不强，导致地膜回收利用难以进行。

76. 如何更好地推进地膜资源化利用技术？

（1）引进先进装备，拓宽利用途径。为促进农田地膜资源化利用产业发展，缓解地膜残留带来的环境与资源压力，要突破农田地膜资源化利用共性关键技术及装备，拓宽资源利用途径。积极引进融合国内外相关领域的先进技术，重点开展农田地膜资源化利用共性关键技术研究，建立以科研院校牵头、骨干企业为主体共同参加的地膜资源化利用产学研攻关团队与创新体系，突破地膜回收机械化、地膜除杂清理和地膜再利用等关键技术瓶颈，打通农田地膜回收再利用渠道，开拓地膜变废为宝途径，创新农田地膜焚烧发电和再利用技术。集成优化农田地膜再生利用配套装备，针对地膜再生造粒技术，重点开展热风熔融造粒工艺及设备的研究。

（2）推进资源市场化，加大宣传力度。推进农田地膜资源市场化，加大宣传示范力度。农田地膜的回收效果与生产者及使用者的环保意识密切相关，政府、媒体、地膜生产商、第三方地膜回收商等应加强农田地膜绿色回收的信息宣传。发挥媒体舆论引导作用，广泛宣传农田地膜残留的潜在危害以及农田地膜资源回收的长期经济价值和社会价值，提升农田地膜生产者和使用者节约资源和环保意识，积极鼓励各地区农田地膜资源利用工程发展，以市场为主导打通地膜资源化利用产业链各环节，促进农田地膜资源化利用稳定运行。

第六章

畜禽粪污资源化利用技术

77. 清粪机如何使用？

清粪机由机架、动力机构、传动机构、亚麻绳、刮粪板、地脚螺栓、电器系统组成。行走动力系统由立式电机、摆线针轮减速机或齿轮减速驱动电机组成。传动机构由链轮、链条、主动绳轮、被动绳轮组成。清粪机链轮采用45#钢材锻造，采用先进的数控设备加工后，经过高频热处理，提高强度和耐磨性。主动绳轮与被动绳轮采用先进的铸件工艺铸件而成。

清粪机的工作原理是减速机输出轴通过链条或者三角皮带，将动力传到主驱动轮上，驱动轮和牵引绳张紧后的摩擦力做牵引，带动刮板往返运动，刮板工作时，由刮板上月牙滑块擦地自动落下，返回时自动抬起，完成清粪作业。

在使用清粪机之前，必须认真仔细地阅读制造企业随机提供的使用维护说明书或操作维护保养手册，按资料规定的事项去做。否则会带来严重后果和不必要的损失。操作人员穿戴应符合安全要求，并穿戴必要的防护设施。在作业区域范围较小或危险区域，则必须在其范围内或危险点显示出警告标志。维修设备需要举臂时，必须把举起的动臂垫牢，保证在任何维修情况下，动臂绝对不会落下。确保在启动发动机时，不得有人在车底下或靠近机械的地方工作，以确保出现意外时不会危及自己或他人的安全。安装、调整、维修、保养必须在关闭电源状态进行，确保安全。机器使用前或长期停用再启用，应按产品使用说明书规定进行调整和保养，在使用过程中，定期检查电器控制部件的可靠性和灵敏度。链条、三角带及牵引绳有伤手危险，机器工作时不得靠近。

78. 农用运输车种类及相关规定是什么？

农用运输车分为三轮农用运输车和四轮农用运输车两类，用于农村道路货物运输。三轮农用运输车的最高车速不大于 50km/h，四轮农用运输车的最高车速不大于 70km/h。三轮农用运输车的总质量为 2 000kg，四轮农用运输车的总质量为 4 500kg。三轮农用运输车载重量不大于 500kg，四轮农用运输车载重量不大于 1 500kg。农用运输车按驾驶室类型分为半封闭式三轮农用运输车、简易棚式三轮农用运输车、全封闭式三轮农用运输车、长头四轮农用运输车、平头四轮农用运输车。

79. 输送机的分类有哪些？

输送机按使用方式可分为：装补一体输送机、皮带式输送机、螺旋输送机、斗式提升机、滚筒输送机、板链输送机、网带输送机和链条输送机。按输送物料种类可分为：松散物料输送机、坚硬物料输送机、单件物料输送机等。螺旋输送机分为水平式螺旋输送机和垂直式螺旋输送机两大类型。螺旋输送机适用于颗粒或粉状物料的水平输送、倾斜输送、垂直输送等。输送电动机不能启动或启动后就立即慢下来是线路故障、电压下降、接触器故障、在 1.5s 内连续操作造成的。输送电动机不能启动或启动后就立即慢下来应检查线路、检查电压、检查过负荷电器、减少操作次数。输送电机发热应检查是否由于超载、超长度或输送带受卡阻，使运行阻力增大，电动机超负荷运行；由于传动系统润滑条件不良，致使电动机功率增加；电动机风扇进风口或径向散热片中堆积粉尘，使散热条件恶化。输送电机发热应检测电动机功率，找出超负荷运行原因；各传动部位及时补充润滑；清除粉尘。满负荷时，液力偶合器不能传递额定力矩时应检查液力偶合器油量是否充足。输送机减速器过热时应检查减速器中油量多少；油使用时间是否过长；润滑条件恶化，使轴承损坏。输送机减速器过热应通过注油；清洗内部，及时换油修理或更换轴承、改善润滑条件来解决。

80. 皮带输送机输送带的常见故障及调整方法有哪些？

输送带跑偏的原因有机架、滚筒没有调整平直；托辊轴线与输送带中心线不垂直；输送带接头与中心线不垂直，输送带边呈"S"形；装载点不在输送带中央（偏载）。通过调整在机架或滚筒，使之保持平直；利用托辊调位，纠正输送带跑偏；重新做接头，保证接头与输送带中心垂直；调整落煤点位置。

输送带老化、撕裂的原因：输送带与机架摩擦，产生带边拉毛，开裂；输送带与固定硬物干涉产生撕裂；保管不善，张紧力过大；铺设过短产生挠曲次数超过限值，提前老化。通过调整避免输送带长期跑偏；防止输送带挂到固定构件上或输送带中掉进金属结构件；按输送带保管要求贮存；尽量避免短距离铺设使用。

输送带断带原因：带体材质不适应，遇水、遇冷变硬脆；输送带长期使用，强度变差；输送带接头质量不佳，局部开裂未及时修复或重打。选用机械物理性能稳定的材质制作带芯；及时更换破损或老化的输送带；对接头经常观察，发现问题及时处理。

打滑原因：输送带张紧力不足，负载过大；由于淋水使传动滚筒与输送带之间摩擦系数降低；超出使用范围，倾斜向下运输。重新调整张紧力或者减少运输量；消除淋水，增大张紧力；对接头经常观察，发现问题及时处理。

81. 皮带输送机是如何启动和停机的?

输送机一般应在空载的条件下启动。在顺次安装有数台皮带输送机时，应采用可以闭锁的启动装置，以便通过集控室按一定顺序启动和停机。除此之外，为防止突发事故，每台输送机还应设置就地启动或停机的按钮，可以单独停止任意一台。为了防止输送带由于某种原因而被纵向撕裂，当输送机长度超过30m时，沿着输送机全长，应间隔一定距离（如25～30m）安装一个停机按钮。

82. 皮带输送机如何安装?

皮带输送机机架的安装是从头架开始的，然后顺次安装各节中间架，最后装设尾架。在安装机架之前，首先要在输送机的全长上拉引中心线，因保持输送机的中心线在一直线上是输送带正常运行的重要条件，所以在安装各节机架时，必须对准中心线，同时也要搭架子找平，机架对中心线的允许误差，每米机长为±0.1mm。但在输送机全长上对机架中心的误差不得超过35mm。当全部单节安设并找准之后，可将各单节连接起来。皮带输送机驱动装置安装时使皮带输送机的传动轴与皮带输送机的中心线垂直，使驱动滚筒的宽度的中央与输送机的中心线重合，减速器的轴线与传动轴线平行。同时，所有轴和滚筒都应找平。轴的水平误差，根据输送机的宽窄，允许在 0.5 ～ 1.5mm 的范围内。在安装驱动装置的同时，可以安装尾轮等拉紧装置，拉紧装置的滚筒轴线应与皮带输送机的中心线垂直。皮带输送机托辊安装时在机架、传动装置和拉紧装置安装之后，可以安装上下托辊的托辊架，使输送带具有缓慢变向的弯弧，弯转段的托滚架间距为正常托辊架间距的 1/3 ～ 1/2。托辊安装后，应使其回转灵活轻快。皮带输送机给料和卸料装置安装时应将机架固定在基础或楼板上。皮带输送机固定以后，可装设给料和卸料装置。皮带输送机挂设输送带时应先将输送带带条铺在空载段的托辊上，围抱驱动滚筒之后，再敷在重载段的托辊上。挂设带条可使用 0.5 ～ 1.5t 的手摇绞车。在拉紧带条进行连接时，应将拉紧装置的滚筒移到极限位置，对小车及螺旋式拉紧装置要向传动装置方向拉移；而垂直式捡紧装置要使滚筒移到最上方。在拉紧输送带以前，应安装好减速器和电动机，倾斜式输送机要装好制动装置。

83. 皮带输送机如何调整？

为保证输送带始终在托辊和滚筒的中心线上运行，安装托辊、机架和滚筒时，必须满足下列要求：所有托辊必须排成行、互相平行，并保持横向水平。所有的滚筒排成行，互相平行。支承结构架必须呈直线，而且保持横向水平。为此，在驱动滚筒及托辊架安装以后，应该对输送机的中心线和水平作最后找正。皮带输送机安装后在空转试机时，要注意输送带运行中有无跑偏现象、驱动部分的运转温度、托辊运转中的活动情况、清扫装置和导料板与输送带表面的接触严密程度等，同时要进行必要的调整，各部件都正常后才可以进行带负载运转试机。如果采用螺旋式拉紧装置，在带负载运转试机时，还要对其松紧度再进行一次调整。滚筒不水平引起输送带跑偏，如果是安装超差应停机调平；如果是滚筒外径加工偏差太大，则要重新加工滚筒外圆；滚筒表面黏结物料会使输送带跑偏，应经常清除这些物料；输送带一经加上负载就跑偏，应改变进料口的位置予以调整；输送带无载时跑偏，而加上物料就能纠正，这种现象一般是由于初张力太大造成的，进行适当调整即可。

84. 皮带输送机怎样维护？

为了保证皮带输送机运转可靠，最主要的是及时发现和排除可能发生的故障。操作人员必须随时观察运输机的工作情况，如发现异常应及时处理。机械工人应定期巡视和检查任何需要注意的情况或部件，这是很重要的。例如一个托辊，并不显得十分重要，但输送磨损物料的高速输送带可能很快把它的外壳磨穿，出现一个刀刃，这个刀刃就可能严重地损坏一条价格昂贵的输送带。受过训练的工人或有经验的工作人员能及时发现即将发生的事故，并防患于未然。皮带输送机的输送带在整个输送机成本里占相当大的比重。为了减少更换和维修输送带的费用，必须重视对操作人员和维修人员进行输送带的运行和维修知识的培训。

85. 畜禽粪污无害化处理的方式方法有几种？

目前畜禽粪便无害化处理主要通过好氧厌氧发酵，在微生物的作用下，使有机物矿质化、腐殖化和无害化，在此过程中，蛋白质的氮、磷被分解成可被植物利用的有效态氮、磷，杀灭畜禽粪便中的病原菌、杂草种子等，减小粪便体积、降低臭味。处理方式有好氧发酵生产加工有机肥、厌氧发酵生产加工沼气，其中沼气工程主要由前期处理系统、厌氧消化系统、沼气输配及利用系统、消化液后处理系统等组成。好氧发酵生产加工有机肥主要有粪便自然发酵后直接还田、好氧堆肥法生产有机肥、自动化高温发酵生产有机肥 3 种方法，原理基本相同，生产加工过程因机械配套不同而略有不同。

养殖废水浓度高、固液混杂、有机物含量高，直接排放对环境污染较大，目前养殖废水主要的处理方式有自然发酵后还田利用、厌氧发酵—沼液沼渣农业综合利用、厌氧—好氧—深度处理技术。

86. 畜禽粪污无害化处理的主要配套机具有哪些？

不同畜禽粪污无害化处理方式的配套机具不同。粪污自然发酵还田利用处理方法简单，机械化程度低，无专用配套机具。好氧堆肥法生产有机肥主要应用秸秆粉碎机、翻抛机、有机肥分筛机等设备，其中根据堆肥方式不同，翻抛机又分为条垛式翻抛机和槽式翻抛机。自动化高温发酵生产有机肥技术主要利用密闭式发酵设备，主要有塔式发酵罐、筒仓式发酵罐、滚筒式发酵罐等几种设备。沼气工程的主要装备有发酵缸体、膜式储气袋、沼气净化装置，我国沼气工程配套的设备多采用其他行业的设备，针对沼气工程原料类型及工艺模式进行设计与制造的专业化配套设备不多，常用的配套设备有搅拌设备、格栅机、进料泵、沼气蒸汽锅炉、固液分离机、其他配套设备等，其他配套设备主要指沼气流量计、液体流量计等仪表计量类设备。

87. 粪污加工制作有机肥设备使用过程中的注意事项有哪些?

翻抛机作业时：设备启动前，驾驶员必须确保所有的安全装置都在适当的位置并且固定好；检查所有装置的功能，特别是操作功能（操作杆）是否存在问题；检查所有可移动部件是否在安全位置。当翻堆机工作时，非工作人员不准入内。驾驶员的双脚必须牢牢地站在操作平台上，操作人员需佩戴听觉保护装置。启动滚筒前，驾驶员必须确保轨道清理器在其工作的位置上（低位）。当翻堆机在倾斜地面工作时，倾斜角度不能超过12°。设备不用时应停放在空旷的地方。

滚筒式粪污处理设备作业前应检查各部件是否处于正常状态，正式工作前进行设备预作业，检查各部件运转是否正常。为了操作的安全，设备电源务必良好接地。电气部分出现故障需合格的电工进行维修。设备转动部分严禁手深入。由于机器随时可能转动，无关人员严禁靠近机器。严格按照设备说明书的有关规定操作。进出料螺旋卡死可能的故障原因一是异物进入进料螺旋；二是皮带松。正确的处理方式一是反转清除异物；二是调整皮带松紧。

88. 滚筒式粪污处理设备电器控制系统异常如何排查?

①电压表指示正常，电源指示灯不亮。可能的故障原因是控制柜内控制电路断路器未合上或跳闸，正确的处理方式是合上断路器。电源和急停指示灯亮，其他灯均无指示，可能的故障原因是急停按钮按下，正确处理方式是顺时针旋转急停按钮，直至急停按钮弹起。②料温显示不正确。可能的故障原因一是断线或热电偶损坏；二是温度显示器损坏。正确的处理方式一是查出断处，接好电线；二是更换温度控制器。③电加热器不加热。可能的故障原因一是达到或接近设定温

度；二是控制柜内的加热断路器跳闸；三是缺水。正确的处理方式一是正常工作状态；二是合上断路器；三是加注清水；四是参见电加热器说明。

89. 翻抛机作业前需要做哪些准备工作？

作业前应检查油路系统和润滑系统是否畅通，如不畅通，应立即通知维修人员修理；检查油箱的油液是否足够，如不足够，应予加够，检查液压系统有无渗漏。检查各部分机构是否完好，各传动手柄、变速手柄的位置是否正确，还应按要求认真对机械进行润滑保养；开机前应转动机械能转动的部位，观察机械转动时有无异常，发现情况及时通知维修人员进行修理。设备预热。将发动机速度控制杆放在最低挡位上，将设备启动；将发动机速度控制在中挡位约15s；将发动机速度控制杆调至中挡。让设备预热5～10min。预热后，设备就可以正常运行了。

90. 翻抛机作业过程中受阻有哪些处理方式？

在翻抛作业过程中，翻抛机可能因某些原因受阻。此时，可采用以下几种方法处理：一是如果滚筒受阻，关闭滚筒，并轻轻地向相反方向运动然后启动滚筒。当滚筒恢复自由转动后，可继续工作。二是采用"之"字形路线在堆垛上行走。即短的、成角度的距离在极端情况下，可采用类似铲子或干草叉的工具处理。三是在使用工具前，应取出点火钥匙以防止设备突然启动。

91. 翻抛机维护与保养时有哪些注意事项？

维修与保养工作（包括清理工作）必须在发动机关闭及驾驶停止的情况下进行，电池必须断开。只有在设备冷却之后，才能进行一般维修与保养。当更换滚筒时，必须使用公司原配的工具。当对电池进行维护时，需小心谨慎。避免酸性物质接触到手或是衣服。如果不小心被酸性物质弄伤，请马上用大量的清水清理伤口，并咨询医生。当充电时，要拧紧燃油的盖子，避免气体爆炸。不要把其他工具或是任何金属制品放在电池上。当维修电气系统时，请将电池的负极与接线电缆断开，然后用绝缘体将电池的两极包住。一旦发现液压油管有损害，请立即找相关专业人士进行维修。当维护或维修设备时，驾驶员要佩戴保护装置。工作人员需记录下每次维护或维修设备时的工作情况。

92. 翻抛机如果长期保存需要做好哪些准备工作？

如果翻抛机处于长时间停滞阶段，需做好长期保存准备，以免设备被腐蚀或受到损害。长期保存前的准备工作：将翻抛机彻底地清理一遍；将翻抛机停在准备长期置放设备的地方；将翻抛机升起，然后把行走装置的履带张紧轮松开；给链胶连接处及管道接头抹上润滑油；检查电池的酸碱度，将电池与翻抛机断开。在长期停用期间所需工作：检查电池的电量情况，如果没电请再充电；监督整台设备的全部情况；将被腐蚀的部件拆下，涂上防腐蚀介质（如漆或润滑油）。在长期停用之后所需工作：更换所有的润滑油；去除防腐蚀介质；给链胶连接处及管道接头抹上润滑油；清理液压系统并更换所有的过滤器；调节行走装置的张紧度；启用柴油发动机。

93. 畜禽粪肥利用的配套设备有哪些？

畜禽粪肥指以畜禽粪污为主要原料通过无害化处理，充分杀灭病原菌、虫卵和杂草种子后作为肥料还田利用的堆肥、沼渣、沼液、肥水和商品有机肥。其包括固态有机肥和液态有机肥，因此粪肥利用设备主要有固体有机肥撒施机、液体有机肥撒施机。

94. 固体粪肥撒施机作业前的准备工作有哪些？

按照要求进行作业前检查；检查拖车和厢式肥料撒播机的所有安全设备，确保其运转正常。连接厢式肥料撒播机与拖车的时候，先将拖车的牵引机构调整到正确的高度，然后将撒肥机的牵引机构与拖车的牵引机构连接到一起，同时确保拖车的驱动轴和拉杆之间有足够的转弯空间，向后移动拖车，直到牵引机构连接啮合，并检查牵引机构是否完全啮合，固定牵引机构。每次作业前需检查燃油、液压油等配备是否充足，查看各部件间润滑油是否到位。施肥机和拖车设置已经完全装配好之后，田间生产作业开始前，必须在空载状态下进行试运行，检查试运行状态下的施肥机是否设置正常，如果发现异常及时处理，参照使用说明书修改设置。空载试运行检查没有问题后，开展施肥机场地试验，查看各部件运转是否正常，作业参数如作业幅宽、施肥量、施肥均匀性等是否达到生产要求。

95. 固体粪肥撒施机作业过程中的注意事项有哪些？

田间正式作业之前，检查所有的工具和零件是否安全，引擎以外的东西从发动机附近移除。如有液压系统，先激活工作车辆的车载液压系统的所有安全装置。作业过程中禁止非工作人员在作业区域内停留，且不要站在机具的转动和摆动区内。撒肥车的作业能力受到装载重量的影响，应严格按照使用说明书中的载重范围要求装载固体肥料，并对拖拉机配备相应的配重，按照相应的速度行驶。撒肥车的肥料推送速度根据载重量进行调整，当载重过大时适当降低推送速度，以防止施肥车堵塞。不同的肥料撒施的最大幅宽不同，最大可达到12m。同时邻接行应保持2～3m的重叠，以确保肥料完全覆盖不漏施。当驾驶厢式肥料撒播机时，请务必断开拖拉机上的单轮制动（锁定踏板）。下坡行驶前，换到低速挡。在作业过程中，如发现任何部位制动发生故障时，立即关掉拖拉机处理故障。在施肥机首次田间作业10h后，检查各部位螺母和螺钉的情况，重新紧固，之后每运行50h检查一次。

96. 固体粪肥撒施机作业后的维护、保养和存放应注意哪几方面？

作业后完全清空厢式肥料撒播机，机器使用的前4周，只能用凉水或温水清理，水温不能高于60℃。用清水简单冲洗整个机厢，喷头和撒肥机的距离至少为4m。清洗完毕后关闭厢式肥料撒播机的所有滑动板和阀门，晾干存放。撒肥机首次应用4周后，可用高压清洁剂清理其外部，将延长机器的使用寿命。在干燥、无尘的地方存放驱动轴。清洁驱动轴，并确保驱动轴始终保持润滑。检查传动轴防护装置的情况，如有损坏立即更换。正确的维护有助于确保机器平稳和高效的作业，也利于延长机械的寿命。操作人员需在专业人士指导下或者进行专业培训后，开展日常维护工作。在机械首次使用10h之内，检查各部位螺栓连接情况，清除粘连的异物。每次开车前检查刹车的功能，制动系统必须定期进行彻底检查。制动系统的调整和修理工作必须由专业的技术人员操作。短期或中期（2年）存储，在指定的环境（干燥、无尘、有遮挡）中存放，仅需关机、机器清洁即可，无须特殊的保存措施。长期存储必须采取措施防止腐蚀。一是彻底清洁整个撒肥机的内外部，晾干撒肥机；二是在撒肥机外喷一层油漆作为保护层；三是在干燥、清洁、无锈的地方停放肥料撒播机，并用篷布盖住防止灰尘等。

97. 固体粪肥撒施机使用注意事项有哪些？

严格按照使用说明书上所指定的重量和负荷操作，切勿超载作业。始终保持在拖车连接器允许的最大牵引负荷范围内作业。撒肥机在道路上行驶之前，将所有部位调整到运输位置或运输模式。车辆停止时，需要正确锁定支撑轮。停放在支撑轮上的拖车不得运输或移动。停放拖车时，为使其停放稳定，需停放在硬地面上。在车辆未停稳固定住时，任何人不得进入拖车和拖车之间的区域。当撒肥车装载肥料时，禁止将机器停放在支撑装置上。厢式肥料撒播机只能用符合规定的设备连接，连接制动系统后要进行检查，确保推送式刹车系统是正常运转的。作业时，请确保驱动联轴器是连接正确的，当驱动轴被接通时，应避免驱动急转弯。驱动轴防护设备必须用链固定，以防止其转动。当发现液压泄漏时，切勿用手指关闭泄漏处，应使用适当的方式处理，或者请专业的技术人员进行液压系统的修理。液压油在高压下溢出可以穿透皮肤，造成严重的伤害，如果受伤，立即前往医院治疗。在清理机器的时候不要使用具有腐蚀性的清洁剂。清理时如发现油漆或者镀锌损坏，立即修理。

98. 液体粪肥撒施机作业前的准备工作有哪些？

根据机器操作手册规定安装罐车，连接制动装置，检查罐车制动系统是否运行正常。罐车与配套拖拉机连接安装时确保牵引杆上的螺栓是安全的，拖拉机的动力输出轴必须满足生产商的需求。检查拖拉机与真空罐车，确保罐车上所有的保护装置都安装到位才可启动罐车。且每次启动前，检查易损坏部件，并确保拖拉机与罐车连接处均连接正确。罐车液压软管到拖拉机液压接口时，液压应为零压力。罐车带有双作用液压，连接衬套和插头时，注意看标识防止操作错误，如果连接混乱，会导致功能颠倒，易发生事故。配套拖拉机应具有与罐车对应的制动系统（双线系统），行驶之前，刹车力调节器的操作柄必须设置在罐车装载状态。当制动系统相连接时，首先连接黄色的连接头，然后连接制动软管的红色连接头，确保连接头正确安装。当断开时，断开红色和黄色的连接头，将制动软管的连接头安装到操作柄的接头，并注意连接头不被污染。当制动连接和操作时，真空罐车才可以行驶。每次启动罐车前，检查压缩机油箱是否满箱，油量标尺是否位于压缩机盖子的后端。建议冷却系统始终装满防冻剂，确保冷却系统里没有空气；在冷却系统出现故障或异常情况时，必须降低压缩机的运行时间。机器启动前，检查驱动轴、压缩机油表、连接位置、溢流阀和减压阀是否正常，并检查保险丝是否正常。如首次启动机器，必须先熟悉所有的控制元件，检查装配情况、能源供应情况等，并在试验场地进行试车。如罐车长期停放后重新启动，需要进行如上同样的操作。

99. 液体粪肥撒施机作业过程中需要注意的事项有哪些？

正式田间作业之前需开展田间机器调试与预试验。根据生产需要设定机器作业参数，进行调试与预试验，当施肥宽度、施肥量、施肥均匀性等可达到生产需要时，开展作业。当填充罐车时，操作人员连接吸入软管，放入搅拌均匀的液体肥料中，打开吸动阀，将压缩机转换到"吸入"状态启动拖拉机，打开输出传动轴。施肥完成后，将罐车内剩余液体肥料排出，压缩机转换到"排出"状态，打开液压控制的输出阀，启动拖拉机和压缩机，开始排空罐车。罐车的载重要严格按照操作说明书要求，确保不影响拖车前轴及制动器的工作效率。作业过程中排出液体肥料时，任何人不能站在作业区域内，以免发生危险。在罐车作业停歇阶段，如果没有安全工具防止其滚动，应使用手闸或垫木，任何人不得在拖车和真空罐车之间站立。施肥作业时，作业行进速度由施肥作业幅宽调节。罐中的超压不能超过 0.5Pa，不要操作安全阀，必须关闭压缩机。在作业过程中，如发现任何部位制动发生故障时，立即关掉拖车处理故障。

100. 液体粪肥撒施机作业后的维护与保养有哪几方面？

进入工作区域和开始维修工作之前，必须关闭发动机，拔出钥匙，确定所有的机器旋转部件停止运动。在清理维护或维修时，当罐车桥梁升起时，必须架设桥梁支座。桥梁支座也要定期检查与维护。外部清洗：真空罐车使用的前4周，只能用凉水清洗，不要使用高压清洁剂，避免油漆划痕。清洗过程中喷头距离罐车的距离至少保持40cm；油漆区域尽可能保持凉爽，避免太阳直射；不要使用温度高于60℃的水清洗；不要使用腐蚀性的清洁剂；如发现油漆区域损坏，立即修复各类油漆；清除施肥机构如施肥铲等部位中的异物。内部清洗：清理罐车内部时，必须完全打开所有大门，清除石头和其他物体，保持通风直到内部完全干燥。经常检查液压软管，如发现任何损坏或磨损的情况，及时更换。在检查液压软管是否泄漏时，需使用合适的设备。如发现泄漏处，不要用手触碰，在高压下（液压油）液体泄漏可以穿透皮肤，造成严重的伤害，一旦受伤，立即就医，避免被感染的危险。如果发现液压系统故障，请专业维修人员修复，维修工作完成后，重新装配所有的安全设施，确保在连接和分离时，液压软管的连接接头不被污染。真空罐车作业50h后检查轮毂轴承的侧间隙——超载系统；作业100h后润滑制动凸轮轴轴承；作业500h后检查并调整制动手柄的设置，调整轮毂轴承的侧轴承间隙，用轴承润滑脂润滑轮毂轴承；操作1 000h后检查制动盖磨损情况，如有破损及时更换。以上列出清理和维护周期取决于使用情况和环境条件，均为最小周期，如在特别情况下，可根据实际情况调整不同的清理和维修周期。所有的超压阀门必须每月清理一次，拆开阀门用水或无酸清洁剂清理。

101. 液体粪肥撒施机使用注意事项有哪些？

一般情况下，在拖车发动机停止时，才可连接或分开驱动轴。广角驱动轴注意广角接头连接在拖拉机上，确保驱动轴的接头被正确锁定到位，必须使用链条固定驱动轴，防止其转动。停车时打开并检查支撑轮，确定罐车停稳，罐车需停在坚实地面检查，如地面较软，则需要其他工具辅助支撑轮固定罐车；停在支撑轮上的罐车不可以运输或移动；罐车在装载状态下，不要将其停放在支撑系统上（液压支撑轮或机械支撑脚）。罐车需配有标牌，标明罐车重量和载重情况，连接拖拉机时注意不要超过牵引杆的最大载重量。拖拉机的轴不能超载，超载会减少轴承的使用寿命导致轴损坏。因此，尽量避免过度的压力，如偏载、在边缘行驶、速度过快等。当罐车抽取和搅拌液体肥料时产生有毒气体，与空气接触时易发生爆炸，因此此项作业过程中禁止明火，作业环境需始终保持通风。罐车的填充效率因液体肥料浓度不同而有所不同，为防止液体肥料被吸入压缩机，罐车的虹吸管内有一个塑料球，一旦容器填满，塑料球将升起到进气口，阻止液体肥料进入压缩机。如发现塑料球破损或老化，应及时更新塑料球，如果发生液体肥料进入压缩机这种情况，压缩机的声音会越来越响，必须及时更换压缩机。

第七章

病死动物资源化利用技术

102. 病死动物如何处理？

我国是畜禽养殖业大国，随着规模化、集约化养殖技术的普及，每年生产各类鲜活畜禽动物约 5.4 亿 t，但受饲养管理水平及疾病防治技术等因素影响，我国畜禽病死率仍然较高，因疾病、疫情非正常死亡的猪、牛、羊，家禽、水禽等动物日益增多。每年生猪的死亡率 8% ～ 12%，家禽的死亡率 12% ～ 20%，牛羊的死亡率 2% ～ 9%，每年病死动物数量以亿计。按照畜禽规模化养殖中正常死亡率 5% 以及死亡时重量为出售时的 30% 估算，我国每年产生病死动物约 660 万 t。

病死动物大多携带病原体，如未经无害化处理或处置不当，不仅会造成严重的水体污染、土壤污染、空气污染，还可能引起重大动物疫情，危害畜牧业生产安全，甚至引发严重的人类公共卫生事件。对病死动物进行及时科学的处理，关系到食品安全、公共卫生安全、环境安全和畜牧业可持续健康发展。

为规范病死动物尸体及相关动物产品无害化处理操作技术，预防重大动物疫病，维护动物产品质量安全，农业农村部制定了《病死动物无害化处理技术规范》，病死动物无害化处理主要有焚烧法、化制法、掩埋法、发酵法 4 种。

103. 病死动物焚烧方法有哪些？

焚烧法是指使动物尸体及相关动物产品在富氧或无氧条件下进行氧化反应或热解反应的方法。主要有开放式焚烧、固定设施焚烧、气帘焚烧 3 种方式。

开放式焚烧法指的是在开阔地带，用木材堆或其他燃烧技术对动物尸体进行焚烧的无害化处理方式。17 世纪，欧洲开始将焚烧作为无害化处理发病动物的一种方法。1967 年英国发生口蹄疫时曾广泛应用该方法。1993 年加拿大发生炭疽疫情时也曾用此法。近年来，该方法只是其他无害化处理方法的补充，只有迫不得已时才用。采用该方法时，每头成年牛尸体（或 5 头猪或 5 只羊）需要的材料包括：干草 3 捆，重木材 3 块（长约 2.5m），点火木材 23kg，煤 230kg，液体燃料 4L。该方法相对比较简单，成本低，缺点是劳动量大，燃料需求较多，对天气和环境会造成一定的污染，难以得到公众支持，且不适宜处理传染性海绵状脑病（TSEs）感染动物的尸体。

固定设施焚烧法是采用专用设施以柴油、丙烷等为燃料焚烧动物尸体的一种无害化处理方法，可有效灭活包括芽孢在内的病原菌。该方法有许多形式，如利用火葬场、大型废弃物焚化场、农场、发电厂等大型或小型固定焚化设备焚烧动物尸体。目前，该方法已经正式纳入英国口蹄疫应急计划的无害化处理部分。在日本，疯牛病（BSE）检测结果呈阳性的牛，都要使用该方法进行无害化处理。该方法的优点是密闭环保，缺点是实施成本较高，操作管理较难。

气帘焚烧法的优点是可移动、环保，适用于与残骸消除组合起来进行，缺点是燃料需求量大、工作量大，且不能用于 TSEs 感染动物尸体的无害化处理。

104. 病死动物焚烧设备有哪些？

目前常用的固废焚烧设备有气化熔融炉、炉排炉、热解炉、回转窑 4 种。

气化熔融炉：气化熔融炉是一种连续式焚烧炉，其结构型式由气化炉和熔融炉组成。废物先进入气化炉，在低温缺氧的环境中进行气化反应，气化产生的大量可燃气体进入熔融炉完全燃烧。该炉型是较彻底的无害化焚烧设备，适合于重金属含量高的废物。但能耗很高，运行成本高。熔融炉需要耐高温材料，设备投资大。

炉排炉：炉排炉是使用普遍的一种连续式焚烧炉，常用于处理量较大的城市生活垃圾焚烧厂中。炉排炉空气是通过炉排的缝隙穿越与废物混合助燃。由于病死动物含有大量油脂和水分，容易从炉排的缝隙渗漏，导致炉排炉焚烧效率降低，且渗漏出来的油脂难以处理。

热解炉：热解炉是一种间歇式焚烧炉，通过控制温度和炉内空气量，过剩空气系数小于 1，废物在缺氧的环境下被干燥、加热、分解。热解炉热解时间长，非连续运行，只适用于小规模以及小体积物料的处理。

回转窑：回转窑是一种连续式焚烧炉，炉子主体部分为卧式钢制圆筒，圆筒与水平线略倾斜安装，进料端略高于出料端，筒体可绕轴线转动。回转窑适应性强，对物料的性状要求低，基本适用于各类气、液、固体物料，普遍用于危废、医废、水泥等行业。根据相关固废焚烧工程经验，病死动物焚烧处理建议采用回转窑焚烧系统。气帘焚烧法是一种较新的焚烧技术，通过多个风道吹进空气，从而产生涡流，可使焚烧速度比开放焚烧速度加快 6 倍。气帘焚烧法需要的材料包括木材（与动物尸体的比例约为 1∶1 或 2∶1）、燃料（如柴油）等。

105. 病死动物焚烧烟气处理工艺有哪些？

为防止病死动物焚烧产生的烟气对大气环境造成二次污染，必须对焚烧产生的烟气进行净化处理。病死动物焚烧产生的烟气含有粉尘、有毒气体（一氧化碳、氮氧化物、二氧化硫、氯化氢等）、二噁英类物质及重金属物质。采用单一除尘或脱酸处理工艺难于确保焚烧烟气达标排放，因此建议采用组合工艺：SNCR 脱硝 + 烟气急冷 + 干法脱酸 + 活性炭喷射 + 袋式除尘。

SNCR 脱硝系统。焚烧烟气脱硝采用非催化法还原工艺（SNCR）控制 NO_x，在二燃室设置尿素喷枪，通过在烟气中喷射尿素溶液与 NO_x 反应进行脱硝。在温度为 $850 \sim 1\,050\,℃$ 范围内，尿素与 NO_x 进行选择性反应，使 NO_x 还原为 N_2 和 H_2O，达到脱硝的目的。控制尿素与 NO_x 的比例在 2∶1 时，NO_x 的还原效率可达 $30\% \sim 50\%$。

烟气急冷系统。烟气急冷系统采用顺流式喷淋塔，高温烟气从喷淋塔顶部进入，经过布气装置使烟气均匀地分布在塔内，同时喷淋塔顶部喷出的水雾与烟气直接接触，使烟气温度在 1s 内急速下降至 200℃ 以下，以避开二噁英再合成的温度区间（$200 \sim 500\,℃$），从而达到抑制二噁英再生成的目的。烟气在急冷的过程中，除了抑制二噁英的生成，还具有洗涤、除尘作用。

干法脱酸系统。由于动物尸体焚烧产生的酸性气体量相对较低，因此采用干法脱酸处理即可满足排放标准限值要求。采用碳酸氢钠作为脱酸剂，烟气温度在 200℃ 左右时小苏打与酸性物质的反应效率最高，酸性去除效率可达 90% 以上。

活性炭喷射系统。在烟道内喷射活性炭，活性炭与烟气一起进入袋式除尘器中，附着在滤袋表面上，与通过滤袋表面的烟气充分接触以吸附烟气中的重金属及二噁英类物质，从而去除烟气中重金属及二噁英类物质。

袋式除尘系统。经过干法脱酸及活性炭喷射系统后，携带粉尘的烟气继续进入布袋除尘器，烟气中的粉尘被截留在滤袋外表面，除尘后的烟气再经除尘器内文氏管进入上箱体，最终从出口排出。布袋除尘器的外壳带有保温材料，外表面温度小于50℃，防止降温过度滤袋结露堵塞和避免除尘器外壳的腐蚀。布袋使用耐高温达260℃的高温型材料PTFE+PTFE覆膜，防止因系统工况的变化损坏布袋。

106. 病死动物焚烧注意事项有哪些？

应尽量采用固定场所、密闭式固定设施焚烧法对病死动物进行处理，减少环境污染。应根据处理物种类、体积等严格控制热解的温度、升温速度及物料在热解炭化室里的停留时间。严格控制焚烧进料频率和重量，使物料能够充分与空气接触，保证完全燃烧。固定设施焚烧应配备充分的烟气净化系统，包括喷淋塔、活性炭喷射吸附、除尘器、冷却塔、引风机和烟囱等，减少烟气等污染物排放。

107. 病死动物化制法是什么？

化制法是通过机械处理（如研磨、搅拌、加压等）、加热处理（如蒸煮、蒸发和干燥等）、化学处理（溶剂提取等）等方式，使动物尸体转变成蛋白固形物、可溶性脂肪或油脂以及水等产品的过程，把没有价值或价值很低的动物尸体及其副产品转换成无危险性、有营养、有经济价值的产品的方法。化制过程通常包括去除不需要部分、分割、混合、预加热、蒸煮、分离脂肪和蛋白等过程，后期对浓缩蛋白进行干燥和研磨。其优点是除了对朊病毒灭活效果稍差外，能够灭活所有病原，而且可以产生有价值的副产品如油脂；缺点在于需要专门设施，前期投入成本较高，选用前要提前考虑化制场所的化制能力。化制法具体包括湿法化制、干法化制两种。

108. 病死动物干化制法工艺流程是什么？

干化即为干热灭菌，干热是指相对湿度在20%以下的高热，是利用干热空气达到杀灭微生物或破坏热源物质的方法。病死动物无害化处理中的干化工艺，一般是指病死动物受干热和压力同时作用下而使病死动物脱水、干燥、灭菌的过程。目前普遍采用夹层热传导干热空气的形式。因干热消毒灭菌是由空气导热，传热效果较慢，一般繁殖体在干热 80 ～ 100℃中经 1h 可被杀死，芽孢需 160 ～ 170℃经 2h 方可杀死。《病死动物无害化处理技术规范》规定用干化法无害化处理病死动物时的中心温度要 ≥ 140℃，压力 ≥ 0.5MPa，时间 ≥ 4h（具体处理时间随处理物种类和体积大小而设定）。同时，热空气的传导与穿透性能比饱和蒸汽要差，所以干热灭菌的时间比湿热灭菌要长。干化法无害化处理方式具有全程自动控制、处理迅速、对病菌处理干净彻底、处理过程环保科学、不产生二次污染的优点，处理产出物可再利用。

109. 病死动物化制法处理技术的注意事项有哪些？

病死动物干化制法搅拌系统的工作时间应以烘干剩余物基本不含水分为宜，根据处理物量的多少，适当延长或缩短搅拌时间。应使用合理的污水处理系统，有效去除有机物、氨氮，达到国家规定的排放要求。应使用合理的废气处理系统，有效吸收处理过程中动物尸体腐败产生的恶臭气体，使废气排放符合国家相关标准。高温高压容器操作人员应符合相关专业要求。处理结束后，需对墙面、地面及其相关工具进行彻底清洗消毒。

病死动物湿化制法一般是指通过水蒸气或水雾作用于机体从而达到加湿、雾化、灭菌等效果的一种方式，广泛应用于医疗、食品、工业等有关行业。根据物理性质可分为常温常压（加湿、雾化）、常温高压（超高压灭菌）、高温常压（蒸煮灭菌）和高温高压。病死动物无害化处理中的湿化工艺，主要是通过常压或高压将饱和蒸汽作用于病死动物表面并进行热穿透，是一种湿热灭菌方式，属于物理灭菌的范畴，原理是使微生物的蛋白质及核酸变性导致死亡。如湿热灭菌实验室培养基温度一般在 121℃，高压主要可使蒸汽温度更高、穿透力更强，同时一般的活性菌不具备耐高压的特性。湿化法动物无害化处理设备能杀灭国家确定的 19 种重大动物疫病的致病微生物，可对炭疽、猪瘟、新城疫等 46 种动物疫病的肉尸病变部位及修割废弃物、腺体等进行无害化处理，对消灭和控制重大动物疫病具有积极作用。相比高温常压湿热灭菌（蒸煮法），高温高压湿热灭菌的灭菌时间更短、效果更好。

110. 病死动物湿化法处理效果的影响因素有哪些?

灭菌前的排气。根据对湿热灭菌的研究表明,当蒸汽中含有空气时,含空气蒸汽的温度低于纯蒸汽的温度,在灭菌时会降低灭菌的能力和温度。

料框(车)的设计。用于湿化装载病死动物的料框(车)普遍为上开口四周密封的长方体金属框,在灭菌时饱和蒸汽仅靠料框(车)上方接触病死动物并进行热辐射、热穿透,影响了灭菌的时间。应将料框(车)四边设计成开放式,使饱和蒸汽与病死动物的接触面更广。

病死动物的破碎。破碎可以减小病死动物的粒径,小体积的料块相比整头的病死动物,在相同温度和压力作用下,升温速度更快,蒸汽更容易穿透物料表面,中心温度更快地达到设定值。但在破碎后将小粒径的物料投入料框(车)内,过于密集的物料之间基本没有间隙,中心温度升温时间将受到影响。

灭菌的时间。灭菌时,灭菌釜内温度的变化过程分为升温—恒温—降温,灭菌的时间应在物料的中心温度达到设定的灭菌温度时开始计算。

111. 病死动物湿化法处理技术的注意事项有哪些?

高温高压容器操作人员应符合相关专业要求。处理结束后,需对墙面、地面及其相关工具进行彻底清洗消毒。冷凝排放水应冷却后排放,产生的废水应经污水处理系统处理达标后排放。处理车间废气应通过安装自动喷淋消毒系统、排风系统和高效微粒空气过滤器(HEPA过滤器)等进行处理,达标后排放。

112. 病死动物掩埋法是什么?

掩埋法是指按照相关规定,将动物尸体及相关动物产品投入化尸窖或掩埋坑中并覆盖、消毒,发酵或分解动物尸体及相关动物产品的方法,通过土壤的自净作用对病死动物进行无害化处理。包括直接掩埋和化尸窖掩埋两种,其中直接掩埋有3种形式。

挖坑深埋,即日常说的"深埋"方法,具有方便、快捷、简单、经济等优点,在养殖场深埋时去除了运输感染材料和感染动物环节,降低了病原扩散风险,有时甚至成为优先选择的一种无害化处理方法。但该方法存在着潜在污染环境、病原可能持续存在、不能回收副产品、影响土地价值等缺点，且受地点、季节等因素限制。

垃圾场深埋，该方法是在疫情处置过程中利用现有垃圾场对动物尸体进行深埋的无害化处理方法。该方法具有处理能力较大、地理分布广泛、环境污染风险较低等优点，一度得到广泛应用。2002 年美国弗吉尼亚州发生禽流感时，商业化垃圾填埋场发挥了重要作用，共处理了 14 500t 家禽尸体。该方法的缺点在于垃圾场所有者和当地政府不愿意牺牲日常的废弃物处理能力来承担这项工作，且存在环境长期影响未知、运输过程中病原易扩散、无副产品回收价值等不利因素。

大规模集中深埋，将来自多地的大量动物尸体集中在一起进行深埋的无害化处理方式，也是紧急情况下处理死亡动物的一种有效方式。2001 年英国暴发口蹄疫时，动物尸体无害化处理工作面临严峻挑战，流行高峰时每日需要处理的动物尸体超过 10 万头，部分地区农场扑杀动物后通常 1 周后才能进行无害化处理，这种情况迫使英国兽医主管部门寻找并评估了数百个无害化处理点，后期确定 7 个大规模集中深埋点，处理了 130 余万 t 动物尸体，在控制口蹄疫蔓延中发挥了重要作用。该方法具有处理能力大的优点，缺点是成本较高，污染环境，运输过程中病原易扩散，无法回收副产品等。

113. 病死动物直接掩埋选址要求有哪些?

（1）应选择地势高燥，处于下风向的地点。

（2）应远离动物饲养厂（饲养小区）、动物屠宰加工场所、动物隔离场所、动物诊疗场所、动物和动物产品集贸市场、生活饮用水源地。

（3）应远离城镇居民区、文化教育科研等人口集中区域、主要河流及公路、铁路等主要交通干线。

（4）掩埋坑体容积以实际处理动物尸体及相关动物产品数量确定。掩埋坑底应高出地下水位 1.5m 以上，要防渗、防漏。坑底撒一层厚度为 2 ～ 5cm 的生石灰或漂白粉等消毒药。将动物尸体及相关动物产品投入坑内，最上层距离地表 1.5m 以上。用生石灰或漂白粉等消毒药消毒。覆盖距地表 20 ～ 30cm，厚度不少于 1.0 ～ 1.2m 的覆土。

114.病死动物直接掩埋法的注意事项有哪些?

掩埋覆土不要太实,以免腐败产气造成气泡冒出和液体渗漏。掩埋后,在掩埋处设置警示标识。掩埋后,第 1 周内应每日巡查 1 次,第 2 周起应每周巡查 1 次,连续巡查 3 个月,掩埋坑塌陷处应及时加盖覆土。掩埋后,立即用氯制剂、漂白粉或生石灰等消毒药对掩埋场所进行 1 次彻底消毒。第 1 周内应每日消毒 1 次,第 2 周起应每周消毒 1 次,连续消毒 3 周以上。

115.病死动物化尸窖处理法是什么?

化尸窖,又称密闭沉尸井,是指按照《畜禽养殖业污染防治技术规范》(HJ/T 81—2001)要求,地面挖坑后,采用砖和混凝土结构施工建设的密封池。化尸窖处理技术,即以适量容积的化尸窖沉积动物尸体,让其自然腐烂降解的方法。化尸窖的类型从建筑材料上分为砖混结构和钢结构两种,前者为建在固定场所的地窖,后者则可移动。从池底结构上,地窖式化尸池分为湿法发酵和干法发酵两种,前者的底部有固化,可防止渗漏,后者的底部则无固化。钢结构的化尸窖属于湿法发酵。化尸窖处理法的优点是可进行分散布点,化整为零;尸体运输路线短,有利于减少疾病的传播;采用密闭设施,建造简单,臭味不易外泄,生物安全隐患低,对周边环境基本无污染。可根据养殖规模进行设计,无大疫病情况下,利用期限较长,一般可利用 10 年以上。建池快、受外界条件限制少,设施投入低、运行成本低。操作简便易行,省工省时。在处理过程中添加的化尸菌剂能快速分解畜禽尸体、杀灭除芽孢菌以外的所有病原体、消除臭味,大幅度提高了化尸池使用效率,检修与清理方便。化尸窖处理法的缺点是不能循环重复利用,只能使用一口,封一口,再造一口;化尸窖内畜禽尸体自然降解过程受季节、区域温度影响很大。夏季高温时期,畜禽尸体 2 个月内即可腐烂留下骨头,但冬季寒冷时期,畜禽尸腐过程非常慢。化尸窖处理法适用于养殖场(小区)、镇村集中处理场所等对批量畜禽尸体的无害化处理。

116.病死动物化尸窖处理应注意哪些问题?

畜禽养殖场的化尸窖应结合场地地形特点,宜建在下风向。乡镇、村的化尸窖选址应选择地势较高，处于下风向的地点。应远离动物饲养厂（饲养小区）、动物屠宰加工场所、动物隔离场所、动物诊疗场所、动物和动物产品集贸市场、泄洪区、生活饮用水源地；应远离居民区、公共场所，以及河流、公路、铁路等主要交通干线。化尸窖应为砖和混凝土，或者钢筋和混凝土密封结构，应防渗防漏。在顶部设置投置口，并加盖密封加双锁；设置异味吸附、过滤等除味装置。投放前，应在化尸窖底部铺洒一定量的生石灰或消毒液。投放后，投置口密封加盖加锁，并对投置口、化尸窖及周边环境进行消毒。当化尸窖内动物尸体达到容积的 3/4 时，应停止使用并密封。化尸窖周围应设置围栏、设立醒目警示标志以及专业管理人员姓名和联系电话公示牌，实行专人管理。应注意化尸窖维护，发现化尸窖破损、渗漏应及时处理。当封闭化尸窖内的动物尸体完全分解后，应当对残留物进行清理，清理出的残留物进行焚烧或者掩埋处理，化尸窖池彻底消毒后，方可重新启用。

117. 病死动物发酵处理技术原理和方法是什么？

发酵法是指将动物尸体及相关动物产品与稻糠、木屑等辅料按要求摆放，利用动物尸体及相关动物产品产生的生物热或加入特定生物制剂，发酵或分解动物尸体及相关动物产品的方法。发酵处理法具有处理场地容易选择、处理过程简单易操作、处理过程中不产生废气和废水、环保无污染等特点，处理后的产物可用作肥料，达到资源循环利用的效果。适用于中小型无害化处理中心。

堆肥发酵法是一种动物尸体简单高效的无害化处理的方法之一。在可控的条件下利用微生物对有机质进行分解，使之成为一种可贮藏、处置以及利用的物质，对环境无负面影响。该方法成本合理，对环境无害，能够杀灭病原体，且操作简单。主要有条垛式静态堆肥和发酵仓式堆肥系统两种。

（1）条垛式静态堆肥。最先用于处理畜禽尸体，其设备要求简单，投资成本低，产品腐熟度高，稳定性好，现也可建成金字塔形。条垛式静态堆肥每 3～7 天翻堆一次，金字塔形静态堆肥每隔 3～5 个月翻堆一次。在染疫动物体内病原微生物未被完全杀死之前，频繁翻堆可能会导致病原微生物的扩散，同时也会污染翻堆设备，甚至感染翻堆人员。另外频繁翻堆会扰乱动物尸体周围菌群，干扰动物组织降解。

（2）发酵仓式堆肥系统。设备占地面积小，空间限制小，生物安全性好，不易受天气条件影响，堆肥过程中的温度、通风、水分含量等因素可以得到很好的控制，因此可有效提高堆肥效率和产品质量。但设备难以容纳牛、马等大型动物，只适用于小型染疫动物尸体的处理。

118. 病死动物堆肥发酵处理效果的影响因素有哪些？

（1）发酵堆肥填充料——碳源。堆肥填充料有很多，可以选花生壳、玉米秸秆、玉米秆青贮物、干草、谷壳、切碎的黄豆秆、刨木花、回收纸、树叶、家禽垃圾等。

（2）发酵堆肥法的水分含量。在发酵堆肥法的过程中，猪尸体水分一般为65%，回用堆肥水分40%～50%，锯木屑水分一般为20%～50%（木屑不成团也挤不出水分即可），保证堆料水分含量为55%。如果水分太低将导致分解率低、堆温低；如果水分太高将导致腐臭味大、苍蝇多等。控制堆料水分含量是堆肥法的关键所在。

（3）孔隙度。孔隙度也是发酵堆肥法的一个条件，目的是使氧气进入堆体，维持5%的氧气水平，防止太多空气渗入而导致堆体温度低。堆料孔隙度一般为40%，如果孔隙度太低将导致分解率低、堆温低、臭气大；如果孔隙度太高也将导致分解率低、堆温低。

（4）发酵堆肥温度。堆肥理想范围37.7～65.5℃，温度调节是堆肥处理的关键。保持温度>55℃至少5天是摧毁病原体的关键，是发酵堆肥法设计需要关注的事项。

119. 病死动物堆肥发酵法的注意事项有哪些？

选址应选择离猪舍60m以上，避开水源，不能选择低洼地带。要有道路通达堆肥区，考虑主风向，做好生物安全。尺寸大小根据各自猪场死淘率计算（以万头猪场为例），标准是6.25m³木屑可处理1t死猪。

启动运行时初期地面铺一层30cm厚的木屑，体重大于100kg的猪要铺更厚的木屑。堆一层尸体后靠墙边应填满一层30cm的木屑，尸体表面至少覆盖一层20cm的木屑。如果是100kg以上的猪约留30cm的间距，死胎、胎衣及哺乳仔猪可以群放，不可草率地放入动物尸体，应整齐地层层叠加安放并覆盖严密。堆体厚度随需处理动物尸体和相关动物产品数量而定，一般控制在 2 ～ 3m。堆肥期一般为 6 个月。在 3 个月时进行机械性的二次翻动，重新分配多余水分，引入新的氧气供给，效果会更好。发酵过程中，应做好防雨措施。使用期间，天气干燥时可在表面喷洒水保持其湿度。使用长针式温度计监控堆温度，堆温理想温度在 37.7 ～ 65.5℃。条垛式堆肥发酵应选择平整、防渗地面。因重大动物疫病及人畜共患病死亡的动物尸体和相关动物产品不得使用此种方式进行处理。应使用合理的废气处理系统，有效吸收处理过程中动物尸体和相关动物产品腐败产生的恶臭气体，使废气排放符合国家相关标准。

120. 病死动物收集运输有哪些要求？

（1）包装。包装材料应符合密闭、防水、防渗、防破损、耐腐蚀等要求。包装材料的容积、尺寸和数量应与需处理动物尸体及相关动物产品的体积、数量相匹配。包装后应进行密封。使用后，一次性包装材料应作销毁处理，可循环使用的包装材料应进行清洗消毒。

（2）暂存。采用冷冻或冷藏方式进行暂存，防止无害化处理前动物尸体腐败。暂存场所应能防水、防渗、防鼠、防盗，易于清洗和消毒。暂存场所应设置明显警示标识。应定期对暂存场所及周边环境进行清洗消毒。

（3）运输。选择专用的运输车辆或封闭厢式运载工具，车厢四壁及底部应使用耐腐蚀材料，并采取防渗措施。车辆驶离暂存、养殖等场所前，应对车轮及车厢外部进行消毒。运载车辆应尽量避免进入人口密集区。若运输途中发生渗漏，应重新包装、消毒后运输。卸载后，应对运输车辆及相关工具等进行彻底清洗、消毒。

（4）人员防护。动物尸体的收集、暂存、装运、无害化处理操作的工作人员应经过专门培训，掌握相应的动物防疫知识。工作人员在操作过程中应穿戴防护服、口罩、护目镜、胶鞋及手套等防护用具。工作人员应使用专用的收集工具、包装用品、运载工具、清洗工具、消毒器材等。工作完毕后，应对一次性防护用品作销毁处理，对循环使用的防护用品进行消毒处理。

121. 病死动物相关档案记录方法？

病死动物的收集、暂存、装运、无害化处理等环节应建有台账和记录。有条件的地方应保存运输车辆行车信息和相关环节视频记录，同时做好台账和记录。

（1）暂存环节。接收台账和记录应包括病死动物及相关动物产品来源场（户）、种类、数量、动物标识号、死亡原因、消毒方法、收集时间、经手人员等。运出台账和记录应包括运输人员、联系方式、运输时间、车牌号、病死动物及产品种类、数量、动物标识号、消毒方法、运输目的地以及经手人员等。

（2）处理环节。接收台账和记录应包括病死动物及相关动物产品来源、种类、数量、动物标识号、运输人员、联系方式、车牌号、接收时间及经手人员等。处理台账和记录应包括处理时间、处理方式、处理数量及操作人员等。涉及病死动物无害化处理的台账和记录至少要保存 2 年。

参考文献

陈丹，黄兴元，汪朋，等，2012.废旧塑料回收利用的有效途径［J］.工程塑料
　　应用，40（9）：92-94.

陈庆，曾军堂，2012.一种复合再生塑料及其制备方法：201210185628.4［P］.
　　2012-06-07.

陈卫红，石晓旭，2017.我国农林废弃物的应用与研究现状［J］.现代农业科技
　　（18）：148-149.

丛宏斌，沈玉君，孟海波，等，2020.农业固体废物分类及其污染风险识别和处
　　理路径［J］.农业工程学报，36（14）：28-36.

董合干，刘彤，李勇冠，等，2013.新疆棉田地膜残留对棉花产量及土壤理化性
　　质的影响［J］.农业工程学报，29（8）：91-99.

段文献，王吉奎，李阳，等，2016.夹指链式残膜回收装置的设计及试验［J］.
　　农业工程学报，32（19）：35-42.

高超，2020.农业废弃物资源化利用技术的应用进展［J］.湖北农机化（13）：
　　32-33.

郭文松，简建明，散鋆龙，等，2018.4CML-1000型链耙式地膜回收机设计与试
　　验优化［J］.农业机械学报，49（2）：66-73.

胡辉，2019.蔬菜废弃物资源化利用研究和应用初报［J］.上海蔬菜（4）：
　　66-67.

胡钰，刘代丽，王莉，等，2019.发达国家农膜使用情况及回收经验［J］.世界
　　农业（2）：89-94.

姜文凤，张传义，2020.农业废弃物资源化利用探究［J］.农业技术与装备（1）：
　　103，105.

蒋德莉，陈学庚，颜利民，等，2020.农田残膜资源化利用技术与装备研究
　　［J］.中国农机化学报，41（1）：179-190.

康建明，彭强吉，焦伟，等，2018.农田残膜清杂装置：201810133968.X［P］.
　　2018-02-09.

李冬霞，2020.农业废弃物由"废"变"宝"助力农业绿色、可持续发展［J］.蔬菜（7）：1-10.

刘玉升，2019.设施蔬菜废弃物资源化与生态植物保护利用现状及前景［J］.农业工程技术，39（28）：25-27.

罗昕，李俊虹，胡斌，等，2016.膜杂水洗分离方法及装置：201611167495.2［P］.2016-12-16.

平英华，张飞，刘先才，等，2019.农业废弃物资源化利用模式及主导途径研究［J］.安徽农业科学（17）：216-219.

秦渊渊，郭文忠，李静，等，2018.蔬菜废弃物资源化利用研究进展［J］.中国蔬菜（10）：23-30.

任玉萍，2019.我国北方大棚蔬菜种植技术的发展现状及建议［J］.种子科技，37（17）：63-64.

施丽莉，胡志超，顾峰玮，等，2017.耙齿式垄作花生残膜回收机设计及参数优化［J］.农业工程学报，33（2）：8-15.

滕飞，李传友，张莉，等，2020.北京市尾菜肥料化利用技术集成与示范推广研究［J］.蔬菜（8）：31-35.

滕飞，熊波，张莉，等，2020.北京尾菜资源化利用技术示范与推广［J］.农机科技推广（1）：9-12.

徐宇鹏，朱洪光，成潇伟，等，2018.农业废弃物资源化利用产业进化与多产业联动研究［J］.中国农机化学报，39（4）：90-94.

杨立国，李传友，熊波，2014.设施蔬菜生产废弃物循环利用技术研究［J］.农机科技推广（1）：35-36.

张海芸，郭健，尹君，等，2017.一种废旧地膜清洁装置：201721826470.9［P］.2017-12-27.

赵娜娜，滕婧杰，陈瑛，2018.中国农业废物管理现状及分析［J］.世界环境（4）：44-47.

赵岩，陈学庚，温浩军，等，2017.农田残膜污染治理技术研究现状与展望［J］.农业机械学报，48（6）：1-14.

周献华，2011.热风熔融塑料回收造粒机及其控制系统研究［D］.南昌：南昌大学.